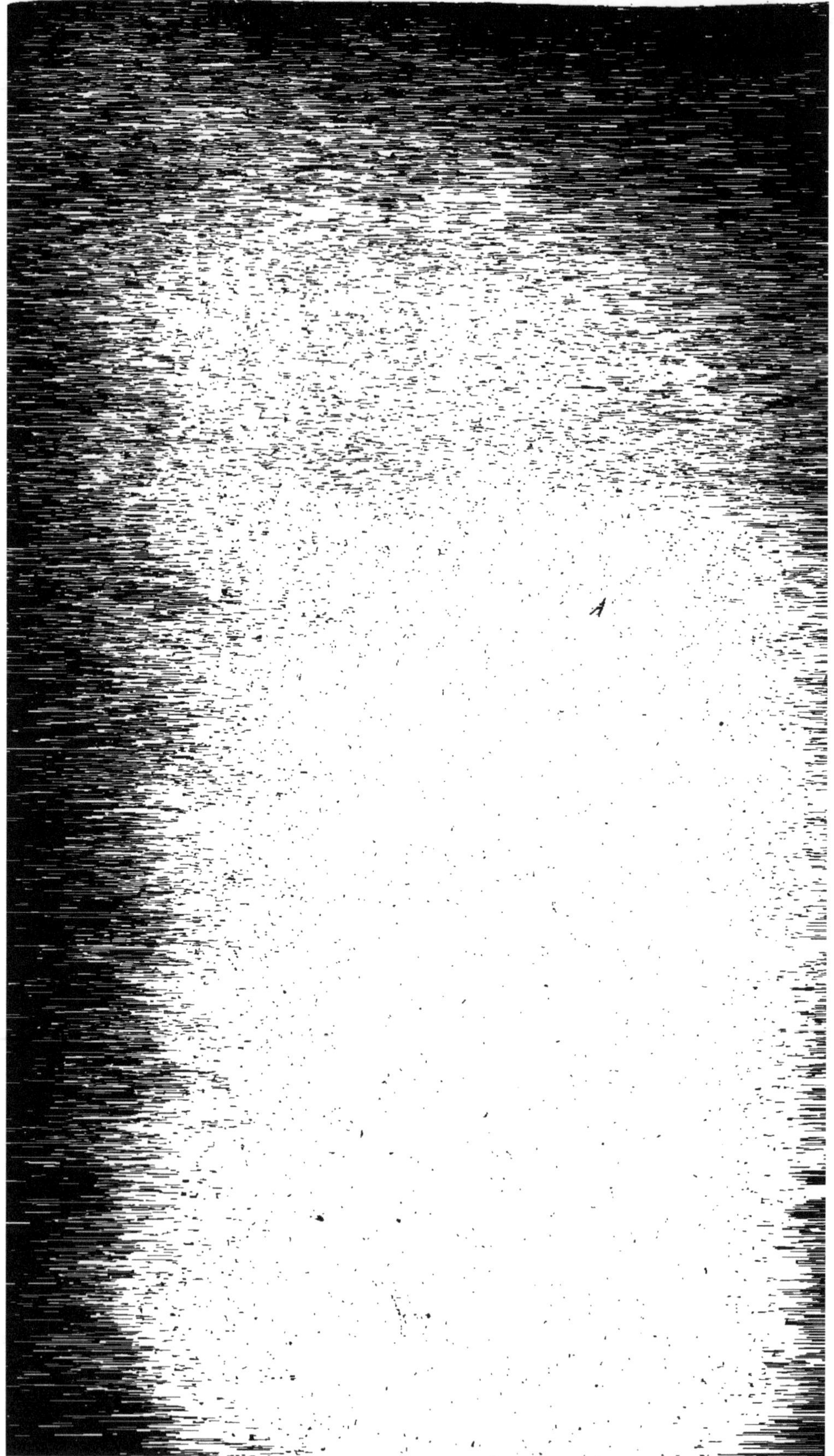

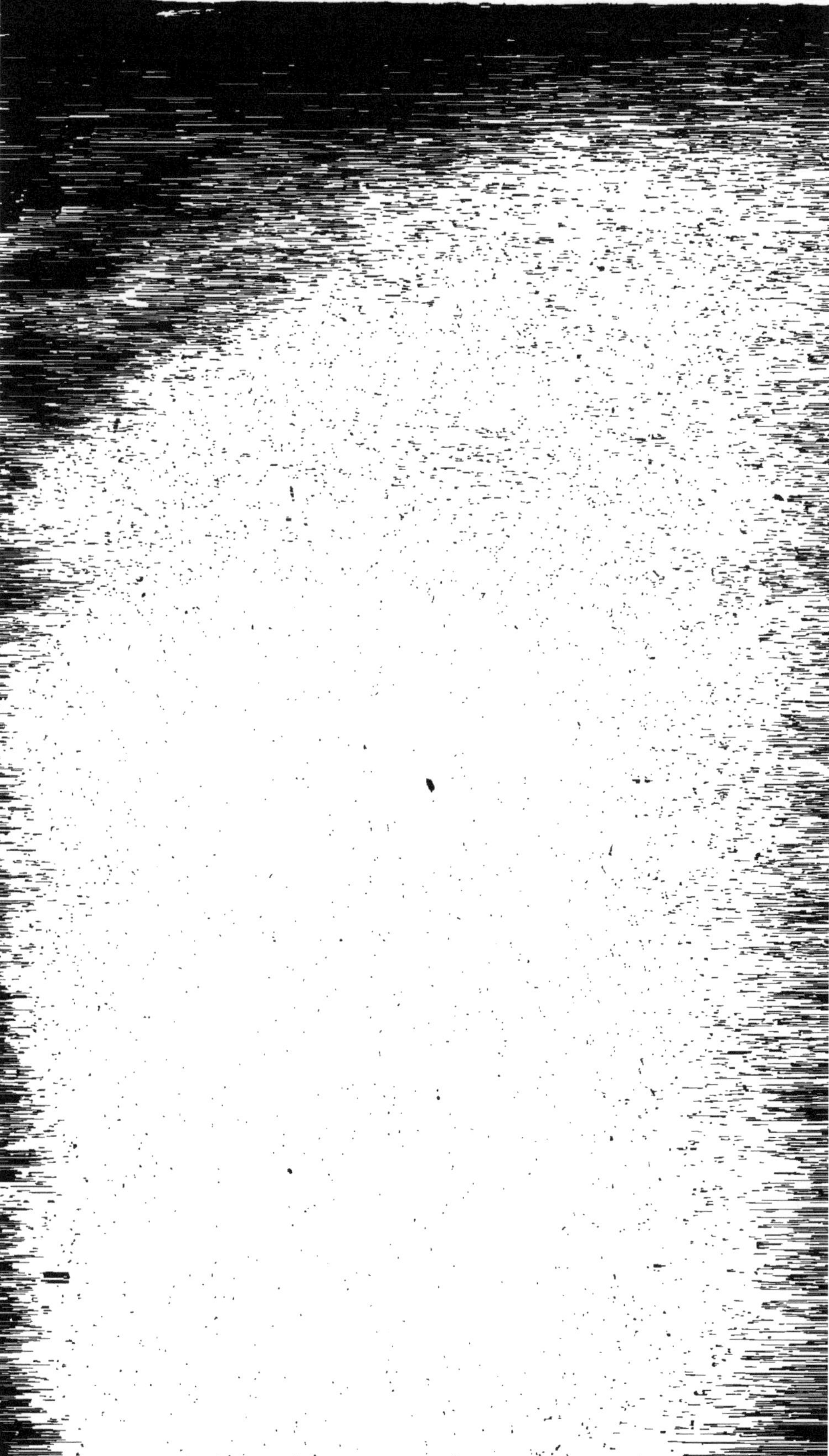

THÉORIE ÉLÉMENTAIRE

DES

APPROXIMATIONS

NUMÉRIQUES,

CONTENANT

UN GRAND NOMBRE D'APPLICATIONS A DES PROBLÈMES D'ARITHMÉTIQUE, DE GÉOMÉTRIE, DE MÉCANIQUE ET DE PHYSIQUE,

A L'USAGE

Des Aspirants au Baccalauréat ès-sciences et des Candidats aux Ecoles du Gouvernement,

PAR J. BOURGET

Ancien Elève de l'Ecole normale, Agrégé de l'Université, Docteur ès-sciences,
Professeur de mathématiques à la Faculté des Sciences de Clermont,
Membre de l'Académie des sciences, belles-lettres et arts de Clermont-F.

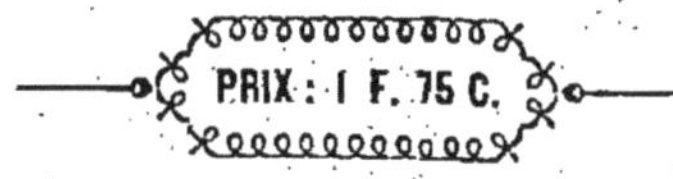

PARIS,
LIBRAIRIE CH. BLÉRIOT,
25, rue Bonaparte.

CLERMONT-Fd.
LIBRAIRIE FERD. THIBAUD,
8-10, rue Saint-Genès.

1860.

PARIS,
LIBRAIRIE Ch. BLÉRIOT,
Quai des Grands-Augustins, 55,
DÉPOSITAIRE.

CLERMONT,
LIBRAIRIE Ferd. THIBAUD,
Rue Saint-Genès, 8-10,
IMPRIMEUR.

THÉORIE ÉLÉMENTAIRE

DES

APPROXIMATIONS NUMÉRIQUES

Par J. BOURGET

Professeur de Mathématiques à la Faculté des Sciences de Clermont.

1 vol. in-8°. — PRIX : 1 fr. 75 c.

(*Extrait des* Nouvelles Annales de Mathématiques).

Le livre élémentaire que nous signalons aux lecteurs des *Nouvelles Annales* est destiné spécialement aux aspirants au baccalauréat et aux candidats aux écoles. L'auteur aurait pu en recommander aussi la lecture aux physiciens, aux chimistes, et, en général, à tous ceux qui, s'occupant de sciences appliquées, ont à substituer dans des formules les nombres qui résultent de leurs expériences.

Nous croyons, en effet, que ce petit ouvrage répandra mieux que tout autre l'usage des méthodes abrégées dans les calculs numériques. Elles sont bien prescrites par les programmes, enseignées dans les cours, mais rarement appliquées par les élèves dans les compositions. Du reste, il faut convenir que peu de personnes savent obtenir un résultat avec une approximation donnée, en n'écrivant que les chiffres indispensables, ou bien trouver les chiffres sur lesquels on peut compter dans le résultat d'un calcul d'après l'incertitude qui règne sur les données.

Ainsi, l'on rencontre souvent dans les livres de physique des coefficients de dilatation avec sept chiffres significatifs, des capacités calorifiques, des densités et des indices de réfraction avec cinq et six décimales. En y regardant de près, on voit que l'approximation de ces résultats est exagérée, on dirait que les auteurs, en se servant pour calculer leurs expériences des Tables de Callet, ont cru suppléer au moyen des logarithmes à l'insuffisance des moyens d'observation.

Du reste, l'exemple partait de haut: l'on trouve dans le troisième volume de Laplace les perturbations planétaires calculées par Bouvard à moins d'un millionième de seconde centésimale près, tandis que l'on pouvait à peine compter sur les dixièmes de seconde par suite des termes négligés et de l'incertitude qui régnait sur les masses des planètes perturbatrices.

La lecture du livre de M. Bourget prémunira contre cet abus des décimales: dans le second paragraphe, l'auteur discute les limites des erreurs que l'on commet ordinairement dans la mesure des grandeurs, et montre que dans le commerce et l'industrie, lorsque l'on effectue directement cette mesure, qu'il s'agisse de longueurs ou de volumes, de poids ou de températures, on ne peut pas généralement compter sur plus de quatre chiffres. De là résulte immédiatement que dans les résultats des calculs effectués sur ces données approchées on ne pourra pas compter, en général, sur plus de quatre chiffres exacts, et dès lors les calculs numériques

ne seront jamais bien longs, soit qu'on les fasse directement, soit qu'on les effectue par logarithmes.

Si les calculs sont faits directement, on diminue le travail à l'aide des méthodes abrégées de multiplication et de division: l'auteur donne de ce procédé de division une démonstration simple, que les élèves pourront apprendre et retenir avec facilité; des exemples bien choisis suivent les règles pratiques, et le tableau des calculs à effectuer, donné *in extenso*, montre clairement la marche à suivre pour arriver au résultat en calculant avec sobriété, nous voulons dire en écrivant le moins de chiffres possible.

Les applications nombreuses qui terminent cet ouvrage éminemment pratique sont habilement choisies; les énoncés sont empruntés à la physique, à la mécanique, aussi bien qu'aux diverses branches des mathématiques pures, et les aspirants au baccalauréat ès-sciences y trouveront développées les solutions de questions analogues à celles que proposent ordinairement les Facultés. L'auteur, dans quelques-unes de ces solutions, fait cette remarque, déjà signalée plus haut, que les physiciens donnent comme exactes bien des décimales incertaines.

M. Bourget a consacré aussi quelques pages à l'approximation obtenue au moyen des logarithmes; il commence par établir, en considérant les différences tabulaires, qu'une Table à cinq décimales, comme celle de M. Hoüel, est plus que suffisante pour les calculs ordinaires, que presque toujours dans les logarithmes à sept figures il y en a trois complétement douteuses par suite de l'incertitude du nombre auquel correspond le logarithme : une petite table à trois ou quatre décimales, logarithmique et anti-logarithmique, collée sur les deux faces d'un carton serait d'une grande utilité; suspendue dans tous les laboratoires de physique et de chimie, elle remplacerait avec avantage le gros volume de Callet.

Cette superfluité des grandes Tables est une vérité qu'on ne peut contester, mais elle est encore peu connue et l'auteur a eu raison, pour la présenter sous une forme plus saisissante, d'en faire l'objet d'un théorème.

On voit par ce qui précède que M. Bourget a bien raison d'appeler l'attention des calculateurs et des élèves sur les méthodes abrégées, puisqu'elles permettent de calculer rapidement les résultats demandés avec toute l'approximation que comportent les données. Nous nous associerons pleinement aussi à ses regrets lorsqu'il déplore les préjugés que rencontre encore l'usage si avantageux de la règle à calcul; et en terminant nous dirons avec l'auteur: « que faire usage » des Tables de logarithmes à plus de cinq décimales, c'est, » presque toujours, perdre un temps précieux, et s'exposer » sans profit aux erreurs faciles des longs calculs; bien plus, » c'est vouloir prendre volontairement une idée fausse du » résultat final. »

E. Burat,

Professeur au Lycée de Bordeaux.

Clermont, typ. Ferd. Thibaud.

THÉORIE ÉLÉMENTAIRE

DES

APPROXIMATIONS

NUMÉRIQUES,

CONTENANT

UN GRAND NOMBRE D'APPLICATIONS A DES PROBLÈMES D'ARITHMÉTIQUE, DE GÉOMÉTRIE, DE MÉCANIQUE ET DE PHYSIQUE,

A L'USAGE

Des Aspirants au Baccalauréat ès-sciences et des Candidats aux Ecoles du Gouvernement,

PAR J. BOURGET

Ancien Élève de l'Ecole normale, Agrégé de l'Université, Docteur ès-sciences,
Professeur de mathématiques à la Faculté des Sciences de Clermont,
Membre de l'Académie des sciences, belles-lettres et arts de Clermont-F.

PARIS, LIBRAIRIE CH. BLÉRIOT, 25, rue Bonaparte.

CLERMONT-F[d], LIBRAIRIE FERD. THIBAUD, 8-10, rue Saint-Genès.

1860.

Tout exemplaire du présent ouvrage qui ne porterait pas, comme ci-dessous, les signatures de l'Auteur et de l'Éditeur, sera réputé contrefait.

Ferdinand Thibaud

J. Bouget

C.

CLERMONT-F[d]. — TYP. FERD[d] THIBAUD,
Rue St.Genès, 8-10.

PRÉFACE.

Les nombreuses lectures des compositions écrites par les candidats au baccalauréat ès-sciences, nous ont convaincu que les méthodes d'approximation, recommandées dans le nouveau programme officiel des études mathématiques sont encore à peu près stériles entre les mains des élèves. Nous pensons qu'il faut attribuer ce résultat, d'une part, à la complication des méthodes généralement employées, de l'autre, à l'absence d'exercices pratiques propres à façonner les élèves au maniement du calcul numérique rationnel.

Nous offrons dans cet opuscule la marche simple et uniforme que nous suivons toujours nous-mêmes. Les théorèmes sur les erreurs relatives, nous paraissent à peu près inutiles dans les applications; la discussion à laquelle ils entraînent est souvent longue et embarrassée. En faisant usage uniquement de la multiplication et de la division abrégée, dont l'habitude s'acquiert bien vite, nous supprimons à peu près toute théorie, et nous suffisons à tous les cas. C'est dans la marche même du calcul que l'opérateur trouve l'approximation du résultat final ou celle qui doit affecter les données primitives.

Nous avons développé la solution d'un grand nombre de problèmes propres à familiariser les élèves avec ces méthodes, et nous avons donné l'énoncé d'un plus grand nombre encore, en faisant connaître le résultat final auquel on doit arriver. On pourra, sur ces exemples, construire une multitude d'exercices analogues.

Quoique notre ouvrage s'adresse plus spécialement aux élèves, nous pensons que quelques professeurs y puiseront des renseignements utiles. Par suite d'une inexpérience, dont nous avons souffert nous-mêmes, il arrive assez souvent qu'un calculateur croit ajouter à l'approximation de ses résultats en exécutant les opérations par des procédés donnant un grand nombre de figures; il multiplie ou divise consciencieusement par les méthodes ordinaires; il se sert scrupuleusement des tables de Callet à 7 décimales, pour obtenir des nombres où souvent deux chiffres significatifs sont seuls admissibles, à cause de l'incertitude des données; il ne craindrait peut-être pas de donner en kilomètres la distance du soleil à la terre, lorsqu'il reste encore sur cet élément une incertitude de plus de 500 000 lieues de 4 kilom.; il ajoute foi au trois ou quatre décimales écrites dans les tables de densités des corps naturels, quoiqu'on trouve dans divers ouvrages pour celle du Hêtre (par exemple), les nombres

0,714 0,750 0,825, 0,852 0,857

qui diffèrent même par la première figure. Nous avons voulu mettre en relief quelques-unes de ces nombreuses illusions qui égarent les calculateurs novices, et se transmettent jusqu'aux élèves ; nous avons voulu en même temps faire comprendre et apprécier tous les avantages des calculs abrégés, et même de la règle de Gunter, qui a soulevé tant de répulsions. Ces avantages nous paraissent surtout manifestes dans les exercices où nous montrons avec la plus grande facilité, le degré d'approximation des procédés de M. Regnault pour la détermination des chaleurs spécifiques et des densités. On pourrait faire un travail intéressant analogue sur divers mémoires, où les auteurs se sont proposé la détermination de coefficients numériques, nécessaires aux sciences appliquées.

Les méthodes exposées dans cet opuscule sont le fruit de nos propres méditations ; nous devons dire cependant que les mêmes idées se retrouvent dans deux ouvrages antérieurs : un petit livre excellent de M. Saigey (1), et un autre plus savant de MM. Babinet et Housel (2). Nous espérons que l'autorité du savant académicien avec lequel nous nous sommes rencontré ajoutera quelque poids à notre parole.

Clermont, 20 septembre 1860.

BOURGET.

(1) Problèmes d'Arithmétique et Exercices de calcul du second degré.
(2) Calculs pratiques appliqués aux sciences d'observation.

THÉORIE

DES

APPROXIMATIONS NUMÉRIQUES.

§ I.

Importance des procédés d'approximation.

Les questions d'approximation qui se présentent dans les calculs numériques se réduisent aux deux suivantes :

1°. Au moyen de données exactes trouver un résultat avec une approximation déterminée ;

2°. Au moyen de données approchées trouver un résultat avec la plus grande approximation possible.

Il est indispensable au calculateur d'être familier avec la solution de ces deux problèmes, voici pourquoi :

1°. Nos procédés, nos instruments de mesure sont tous imparfaits, de telle sorte que les grandeurs nous échappent au delà d'un certain degré de petitesse. Si donc nous avons à trouver une quantité par le calcul, tous les chiffres qui représentent des parties inférieures à celles que nous pouvons à peine apprécier sont inutiles. S'il s'agit d'une longueur, par exemple, nous n'avons pas besoin de la chercher avec plus de quatre chiffres décimaux, dans le cas même d'une extrême précision, puisque le dixième de millimètre est la dernière division que l'on puisse évaluer directement, et encore faut-il pour cela se servir du vernier (1).

2°. D'un autre côté, si l'on veut exécuter un calcul sur des données fautives, ce qui est le cas le plus ordinaire, puisque nous ne pouvons pas évaluer exactement les grandeurs naturelles, il est certain que le résultat sera lui-même entaché d'erreur. Il importe de ne pas se faire illusion, de connaître l'approximation finale, et de ne conserver que les chiffres sur lesquels on peut compter (2). D'ailleurs, comme les méthodes ordinaires de calcul supposent les données exactes et ne limitent pas le nombre des chiffres du résultat, elles conduisent presque toujours à des opérations trop longues, et, ce qui est plus grave, elles n'indiquent pas les chiffres douteux à effacer. On doit donc, dans ce cas, les abandonner et les remplacer par d'autres qui ne soient pas sujettes à ce double inconvénient.

(1) Il existe des procédés indirects fort ingénieux pour évaluer certaines longueurs bien plus petites encore; on en parle dans les traités de physique; nous ne les mentionnerons pas ici, où nous avons en vue surtout les applications industrielles.

(2) Les physiciens et les mécaniciens ne sont pas ordinairement assez pénétrés de cette vérité; et l'on trouve dans les traités les plus estimés des résultats donnés avec un grand nombre de décimales, sans indication de la limite de l'erreur commise. On croirait volontiers que l'on peut compter sur la dernière, parce que l'auteur n'aurait dû écrire logiquement que celles dont il était sûr, souvent cependant la plupart sont douteuses, ce que l'on reconnaît en remontant aux données du calcul. De pareilles fautes peuvent nuire au progrès de la science : chaque méthode nouvelle d'observation doit apporter plus de précision à l'évaluation des grandeurs inconnues; mais pour juger de sa valeur, il faut que l'on sache bien quelle limite atteignaient les méthodes précédentes, et quelle limite elle peut elle-même atteindre.

Ainsi donc, en résumé, avec des *données exactes*, il ne faut pas dépasser dans les résultats le degré de petitesse accessible aux observations ; et avec des *données fautives*, il ne faut pas dans les résultats confondre les chiffres en nombre quelquefois indéfini, qu'un calcul mal dirigé a pu donner, avec ceux dont l'approximation primitive assure la bonté.

---

§ II.

Notions sur les limites des erreurs que l'on commet habituellement dans la mesure des grandeurs.

Mesure des longueurs. — Quand on mesure de petites longueurs ne dépassant pas un mètre, on peut, au moyen du vernier, évaluer jusqu'au dixième de millimètre ; le nombre qui exprimera une pareille grandeur aura donc au plus quatre chiffres exacts. C'est là un cas extrême qui indique le maximum d'approximation que l'on peut espérer dans la mesure des longueurs. Qu'il s'agisse de mesurer une pièce de bois ayant jusqu'à dix mètres ou plus, en prenant les plus grandes précautions dans la superposition, il sera impossible de dépasser le centimètre, car les sinuosités même du côté rectiligne que l'on évalue, la dilatation qui s'exerce sur le mètre, la difficulté de la juxta-position des extrémités doivent donner une erreur supérieure à un millimètre. La mesure de la longueur d'une route est moins approximative encore, car il faut se servir d'une chaîne difficile à tendre, et soumise à des variations de température qui la dilatent ou la contractent, il faut suivre une ligne peu unie, il faut placer le commencement d'une nouvelle chaîne précisément à l'extrémité de la dernière. Il paraît donc difficile de compter sur un mètre dans une longueur de dix kilomètres ; on ne peut donc pas avoir plus de quatre chiffres exacts dans une pareille évaluation.

Dans la pratique de l'arpentage, on admet généralement la possibilité de mesurer les longueurs jalonnées à moins d'un décimètre ; c'est une approximation certainement supérieure à celle sur laquelle on doit réellement compter. Comme d'ailleurs en général, les plus grandes longueurs n'ont que quelques centaines de mètres, on voit qu'elles présentent encore au plus quatre chiffres exacts.

Mesure des surfaces. — La mesure des surfaces ne s'effectue pas directement ; elle se déduit par le calcul de la mesure des longueurs. Les méthodes que nous exposerons plus loin permettront de connaître immédiatement l'erreur commise dans le résultat final.

Mesure des volumes. — L'évaluation des solides géométriques résulte aussi de celle de leurs dimensions ; mais on mesure directement le bois de chauffage, les liquides et les grains.

La mesure du bois de chauffage, au moyen du stère, ne s'effectue pas au-delà du décistère.

Pour les liquides et les grains, on descend rarement au-dessous du litre ou du décilitre.

Mesure des poids. — On construit des balances qui

trébuchent quand on place dans l'un des plateaux un dixième de milligramme, mais alors le fléau est formé d'une aiguille déliée, et ces balances ne peuvent pas servir à évaluer des poids supérieurs à un gramme; les nombres qui résultent de pareilles pesées ont donc au plus quatre chiffres exacts.

On fait des balances qui trébuchent au demi-milligramme et qui peuvent peser à cette approximation un poids de 250 à 500 grammes; d'où l'on voit que les nombres obtenus ont jusqu'à six chiffres exacts. C'est la plus grande approximation qu'on puisse avoir, car même avec ces balances, elle est moindre quand le poids dépasse 300 grammes. Ces instruments de recherches délicates sont enfermés dans des cages de verre et ne servent qu'aux bijoutiers, aux physiciens ou aux chimistes.

Les balances ordinaires du commerce ne fournissent pas des nombres aussi exacts, leur sensibilité est fixée par la loi à 1/2000 du poids à peser quel qu'il soit. On obtient donc avec elles au plus quatre chiffres exacts; la sensibilité des romaines et des bascules est fixée à 1/500 du poids à peser; elles donnent donc trois chiffres au plus.

Mesure des angles. — Les astronomes parviennent à évaluer avec leurs meilleurs instruments les dixièmes de la seconde. Les instruments destinés au lever des plans n'atteignent guère que les minutes.

Mesure du temps. — Les astronomes parviennent à évaluer facilement les demi-secondes, et ils peuvent avec beaucoup d'habitude partager cet intervalle en cinq parties. On voit donc que le temps peut être mesuré à un dixième de seconde près.

Mesure des forces. — On sait que l'unité de force est le kilogramme. Lorsqu'on se sert d'un dynamomètre pour apprécier la grandeur d'une force, l'hectogramme est une limite que l'on ne peut guère dépasser même pour des forces inférieures à 100 kilogrammes. Quand cette évaluation s'opère indirectement, comme pour la force élastique des vapeurs, on peut compter dans l'évaluation sur quatre chiffres.

Mesure des températures. — Les thermomètres de M. Régnault, le plus précis des physiciens expérimentateurs, marquaient jusqu'aux centièmes de degrés. C'est là une limite extrême qu'il paraît même difficile d'atteindre avec toutes les causes d'erreur que cet instrument comporte. On voit donc qu'une température ne peut pas être évaluée avec plus de quatre figures exactes.

Conclusion. — L'ensemble des considérations qui précèdent nous amène donc à cette conclusion que nous formulerons comme une vérité expérimentale : *Dans la mesure directe des grandeurs commerciales et industrielles, on ne peut pas en général compter sur plus de quatre chiffres.*

Au reste, le tableau ci-contre fournit, dans tous les cas, la limite extrême des chiffres certains.

TABLEAU *du nombre des chiffres exacts que l'on peut, au maximum, obtenir dans la mesure des grandeurs.*

GRANDEURS MESURÉES.		NOMBRE *maximum* des chiffres sûrs.	DERNIÈRE LIMITE atteinte.
LONGUEUR :	de 0m à 1m	4 chiffres.	dixme de millim.
	de 1 à 10	5.	dixme de millim.
	de 10 à ∞	4 à 5.	
VOLUMES :	bois de chauffage.	3.	décistère.
	grains.	3 à 4.	décilitre.
	liquides.	3 à 4.	décilitre.
POIDS :	de 0gr à 500gr	6.	demi-milligr.
	de 500 à 1000	5.	milligramme.
	dans le commerce.	3 à 4.	décagramme.
	pour les grands poids.	3 à 4.	myriagramme.
FORCES :	par le dynamomètre.	3 à 4.	hectogramme.
	force élastque de la vapeur.	4 à 5.	décagramme.
ANGLES :	en astronomie.		dixme de seconde.
	dans le lever des plans.		minute.
TEMPÉRATURES :	Thermom. de précision.	3 à 4.	centme de degré.
TEMPS :			dixme de seconde.
MONNAIES :		Nombre indéfini	centime.

§ III.

Erreurs commises dans un nombre décimal, lorsque l'on garde une partie seulement des figures données.

Considérons, par exemple, le nombre

$$\pi = 3,1415926535...$$

Conservons les trois premières figures, nous aurons

$$3,14$$

L'erreur commise est

$$0,00159...$$

moindre évidemment qu'*un* centième; mais on peut dire aussi qu'elle est moindre qu'*un* demi-centième dont la valeur est *cinq* millièmes.

Dans le même nombre π conservons les cinq premières figures, nous aurons

$$3,1415$$

L'erreur commise est

$$0,0000926...$$

moindre qu'*un dix-millième;* mais on ne peut plus dire qu'elle soit moindre qu'un demi dix-millième, dont la valeur est

$$0,00005$$

Si dans ce cas nous *forçons* le dernier chiffre conservé, en écrivant

$$3,1416$$

nous commettons une erreur en plus, mais plus petite qu'*un demi dix-millième;* car l'erreur en moins étant précédemment plus forte qu'un demi dix-millième, il a fallu ajouter moins d'un demi dix-millième pour en avoir un de plus.

Comme il convient, dans tous les cas, d'atténuer autant que possible les erreurs commises, on doit toujours, lorsqu'on le peut, prendre les nombres dont on dispose de manière à ce que l'erreur soit moindre qu'une demi-unité du dernier ordre conservé. Cette condition sera toujours remplie si le premier chiffre négligé est plus petit que 5, et si, dans le cas contraire, on a soin de forcer le dernier chiffre conservé.

Dans l'évaluation des grandeurs, on s'inquiète peu de savoir si l'erreur est par défaut ou par excès; il ne faut donc pas non plus s'en préoccuper dans les discussions rapides qu'exigent les calculs abrégés. C'est parce que les auteurs font de ces questions l'objet d'un examen trop approfondi, qu'il paraît si difficile aux élèves de se servir des méthodes d'approximation. La brièveté des opérations est le but que l'on se propose; toute discussion embarrassante doit être bannie de la pratique : c'est là un principe fondamental qu'il ne faut jamais perdre de vue dans les calculs numériques.

Remarque. — Pour raisonner plus facilement sur les nombres approchés, il est souvent commode de remplacer les chiffres inconnus qui suivent ceux où l'on s'arrête par des lettres *a b c... p q r...* On verra plus loin tout le parti que l'on tire de cette observation.

---

§ IV.

Opérations abrégées.

Nous réduirons les opérations de l'arithmétique à six :

Addition, Soustraction, Multiplication, Division, Extraction de la racine carrée, Recherche des logarithmes.

L'élévation aux puissances s'effectue par la multiplication ; quant à l'extraction de la racine cubique, il convient de l'effectuer par logarithmes ; et dans l'emploi de ces nombres auxiliaires tout se ramène aux opérations précédentes, quand on sait trouver le logarithme d'un nombre, et revenir au nombre par le logarithme..

ADDITION ABRÉGÉE.

L'addition abrégée sert à résoudre les deux questions suivantes :

1°. Trouver une somme avec une approximation assignée d'avance quand les données sont connues exactement.

2°. Trouver une somme avec la plus grande approximation possible quand les données sont approximativement connues.

1er *Cas. — Facteurs exacts.*

Soit, comme exemple, à résoudre le problème suivant :

PROBLÈME. — *Réduire au moyen des tables connues* 473 *toises* 4 *pieds* 11 *pouces* 6 *lignes en mètres et fractions de mètres, de manière que l'erreur soit moindre qu'un centimètre.*

1°. Je dispose l'opération comme l'indique le tableau suivant, en me servant de l'*Annuaire du bureau des longitudes.*

400^{T}	$779^{m}614$ 64...
70^{T}................	136, 432 56...
3^{T}................	5, 847 11...
4^{Pi}	1, 299 36...
11^{Po}................	0, 297 77...
6^{Li}................	0, 013 53...
	$923^{m}506$

2°. En faisant l'addition comme à l'ordinaire, j'observe que si chaque nombre est en erreur d'une quantité moindre qu'un demi millième, la somme ne sera pas en erreur de 6 fois cette quantité ou 3 millièmes ; donc *à fortiori* ne sera-t-elle pas en erreur d'un centième. Donc il suffit de commencer l'addition par la colonne des millièmes en forçant chacun des chiffres rencontrés, s'il y a lieu.

3°. Nous obtenons ainsi $923^{m}506$; mais le dernier

chiffre est douteux, nous le barrons en forçant le précédent, ce qui donne pour le résultat demandé

$$923^{m}51.$$

4°. Ce raisonnement facile à répéter dans tous les cas analogues, conduit à la règle suivante :

Règle. — Pour additionner plusieurs nombres exacts (moins de 20) de façon que l'erreur commise soit moindre qu'un centième, commencez l'addition par la colonne des millièmes en forçant les chiffres rencontrés s'il y a lieu ; barrez au résultat le dernier chiffre à droite, comme douteux, en forçant le précédent, si le chiffre supprimé est égal ou supérieur à 5.

2e *Cas. — Facteurs approchés.*

Dans le cas où les données sont approximativement connues, il peut arriver que l'approximation soit la même pour tous, ou bien qu'elle soit différente. Deux exemples feront comprendre comment on devra opérer dans ces deux circonstances.

Problème I. — *Trouver la somme des logarithmes suivants :*

Log. 3	0,477.1213
Log. 5	0,698.9700
Log. 7	0,845.0980
Log. 11	1,041.3927
Log. 13	1,113.9434
	4,176.5254

J'exécute l'opération suivant la méthode ordinaire, et je trouve 4,176.5254. Mais j'observe que les logarithmes sont des nombres approchés, et qu'on les a inscrits dans la table en ayant soin que l'erreur fût moindre qu'une demi-unité du dernier ordre conservé; donc l'erreur totale commise dans l'addition est plus petite que 5/2 unités du 7e ordre, moindre *à fortiori* que 3 unités du même ordre. Donc en barrant le dernier chiffre on peut dire que

$$\text{Log. } 3 \times 5 \times 7 \times 11 \times 13 = 4,176.525$$

à moins d'une demi-unité du 6e ordre.

Problème II. — *Un wagon a pour tare 4340 kil., on place sur lui une série de colis pesant*

542k 379k 82k5 43k4 5k34 3k68

on demande le poids total du wagon chargé.

Je dispose les nombres comme à l'ordinaire, mais je remplace par des lettres les chiffres douteux, et quoiqu'ils puissent être différents dans les divers nombres, je mets les mêmes lettres pour tous; je forme ainsi le tableau suivant :

$$\begin{array}{r}
434a,bcd\ldots \\
542,abc\ldots \\
379,abc\ldots \\
82,5ab\ldots \\
43,4ab\ldots \\
5,34a\ldots \\
3,68a\ldots \\
\hline
5400,
\end{array}$$

Comme les chiffres inconnus donnent pour une colonne un résultat d'addition douteux, on voit qu'à partir du chiffre des unités inclusivement, toutes les figures de la somme sont inconnues, et le chiffre des unités lui-même ne peut pas être écrit au résultat. Je commence donc par cette colonne en regardant *a* comme étant 5 pour me placer aussi loin de zéro que de 10, et je tiens compte des retenues que donnera cette colonne. J'obtiens ainsi 5400 kil., et le premier chiffre certain est celui des dizaines.

On voit que l'approximation du résultat ne surpasse pas celle du nombre qui a la plus faible approximation, c'est là une règle générale.

De cette remarque et des considérations qui précèdent, nous pouvons tirer la règle suivante :

Règle. — Si on fait l'addition de nombres approchés, le dernier chiffre du résultat est douteux et l'avant-dernier admissible, si tous les nombres présentent la même approximation ; et, dans le cas contraire, l'approximation du résultat est au plus égale à celle du nombre qui a la plus faible approximation.

Remarque. — Nous admettons que le nombre des quantités à ajouter est moindre que 20.

SOUSTRACTION ABRÉGÉE.

Nous dirons peu de mots sur cette opération :

1°. Il est clair que si, avec des nombres exacts, on veut une différence à moins d'*un centième*, il suffit d'évaluer chaque terme de la soustraction à moins d'*un demi-centième*, les chiffres suivants sont donc à peu près inutiles.

2°. Si deux nombres sont connus à moins d'*un demi-centième* chacun, leur différence obtenue par le procédé ordinaire sera plus petite qu'*un centième*.

3°. Si deux nombres sont connus à moins d'*un centième* chacun, leur différence obtenue par le procédé ordinaire sera moindre que *deux centièmes*, donc le chiffre des dixièmes sera le premier chiffre à conserver.

MULTIPLICATION ABRÉGÉE.

La multiplication abrégée sert à résoudre l'un ou l'autre des problèmes suivants :

1°. Au moyen de facteurs exacts trouver le produit avec une approximation assignée d'avance.

2°. Au moyen de facteurs dont l'approximation est connue trouver le produit avec la plus grande approximation possible.

1er *Cas. — Facteurs exacts.*

Soit, par exemple, à résoudre le problème suivant :

Problème. — *Trouver à moins d'un centimètre la longueur de la circonférence circonscrite au carré d'un mètre de côté.*

On sait que la diagonale du carré d'un mètre de côté est exprimée par :

$$\sqrt{2} = 1,414213562...$$

et que la circonférence se mesure en multipliant le diamètre par le nombre :

$$\pi = 3,141592653...$$

Il s'agit d'exécuter cette multiplication le plus rapidement possible, et de remplir en même temps la condition que l'erreur commise soit moindre qu'un centième.

1°. J'écris le multiplicande et j'écris au-dessous le multiplicateur renversé, en plaçant le chiffre des unités sous les millièmes, ou, en d'autres termes, un rang à droite du chiffre relatif à l'approximation demandée :

1,41 4213...	multiplicande.		
...951 41,3	multiplicateur renversé.		
4243	produit de 1,414 par 3 unités.		
141		1,41	1 dixième.
57		1,4	4 centièmes.
1		1,	1 millième.
1		01,	6 dix mill^mes^.
4,443			

2°. Je multiplie, comme à l'ordinaire, le multiplicande par chaque chiffre du multiplicateur, mais j'ai soin de commencer par le chiffre du multiplicande qui se trouve au-dessus de celui que je considère au multiplicateur, et je tiens compte mentalement des retenues fournies par les chiffres négligés au multiplicande. Dans le premier produit partiel, par exemple, je dis donc :

3 f. 2, 6... je retiens 1 sans rien écrire.
3 f. 4, 12... et 1 de retenue 13... j'écris 3.
3 f. 1, 3... et 1 de retenue 4... j'écris 4.
3 f. 4, 12... .... j'écris 2.
3 f. 1, 3... et 1 de retenue 4... j'écris 4.

3°. Je place tous ces produits partiels les uns au-dessous des autres en mettant en correspondance les premiers chiffres à droite.

4°. J'additionne comme on le fait ordinairement, je supprime, comme douteux, le dernier chiffre et je sépare le nombre des chiffres demandés, ce qui donne le résultat :

4,44 mètr.

Démonstration de la règle précédente. — Pour justifier la série des opérations indiquées, voici le raisonnement qu'on peut faire :

1°. L'interversion des chiffres du multiplicateur ne peut rien changer au produit, ces chiffres restant les mêmes, car le produit total ne dépend que de la valeur des produits partiels et non de l'ordre dans lequel ils sont formés. Voici l'avantage qui résulte de cette disposition : Le chiffre des unités est placé sous les millièmes, donc en ne conservant que les millièmes au multiplicande, le produit exprime des unités de cette espèce ; en avançant ensuite d'un rang, de deux rangs sur la gauche du multiplicateur, nous rencontrons des unités 10, 100 fois plus faibles ; et comme les unités correspondantes du multiplicande sont 10, 100 fois plus fortes, le produit des chiffres correspondants dans les deux facteurs représente toujours des unités de même espèce, c'est-à-dire des millièmes.

2°. Les produits partiels que nous avons formés représentant tous des millièmes, nous devons les placer de manière à mettre en correspondance les derniers chiffres à droite.

3°. Comme nous avons mentalement tenu compte des retenues données par les chiffres négligés, et forcé quand il y avait lieu, l'erreur de chaque produit partiel est moindre qu'un demi-millième ; donc l'erreur totale du produit ne peut pas surpasser :

5/2 millièmes, et à *fortiori* 3 millièmes.

Donc elle est moindre qu'un centième, et le chiffre des millièmes est douteux.

Remarque I. — La conclusion finale subsiste tant que le nombre des produits partiels ne dépasse pas 20.

Si le nombre des produits partiels n'est pas plus grand que 10, on peut affirmer que l'erreur finale est moindre qu'un demi-centième.

Si le nombre des produits partiels n'est pas supérieur à 5, on peut même dire que l'erreur finale est moindre qu'un quart de centième. C'est le cas de notre problème.

Remarque II. — La nature du dernier chiffre du produit est toujours marquée par celle du chiffre du multiplicande sous lequel on a placé le chiffre des unités du multiplicateur.

2e *Cas. — Facteurs approchés.*

Soit, comme exemple, à résoudre les questions suivantes :

Problème I. — *En mesurant la circonférence d'un cylindre on a obtenu* 14,348 *mèt., trouver son diamètre aussi approximativement que possible.*

On sait que le diamètre s'obtient en divisant la circonférence par π, ou ce qui revient au même en la multipliant par :

$$\frac{1}{\pi} = 0{,}318309886\ldots$$

Si nous représentons les chiffres inconnus de la circonférence par des lettres, le multiplicande devient :

$$14{,}348abc\ldots$$

Or, ces chiffres inconnus ne peuvent donner que des résultats douteux, il faut, par conséquent, disposer le multiplicateur de façon qu'ils n'influent pas sur les divers produits partiels, j'opère donc comme il suit :

$$\begin{array}{r} 1\,4{,}348\ abc\ldots \\ \ldots 90\ 3\ 813{,}0 \\ \hline 4\ 3\ 045 \\ 1\ 435 \\ 1\ 148 \\ 43 \\ 1 \\ \hline 4{,}5\ 672\ \text{mètr.} \end{array}$$

Remarque. — En toute rigueur, je devrais placer le 0 sous le 8, afin que le chiffre inconnu *a* n'influât pas même sur le premier produit partiel ; mais j'observe qu'il ne peut altérer le produit final que de 3 unités d'un ordre qu'on ne conserve pas ; on peut donc sans crainte opérer, en général, comme nous le faisons, et l'on voit que le produit est approché à moins d'*un* millimètre. Pour diminuer *avec quelque probabilité* l'erreur que donne *a*, on peut supposer ce chiffre égal à 5.

Problème II. — *Trouver le poids d'une pièce de peuplier cubant 4,54926 mèt. cub., sachant que le poids spécifique du peuplier est 0,477 par rapport à l'eau.*

Les volumes et les poids spécifiques ne peuvent pas être connus exactement. Admettons que l'on soit sûr des derniers chiffres écrits ; les suivants sont inconnus, nous les représenterons par des lettres, de sorte que les facteurs de notre multiplication seront :

4,54926*pqr*...
0,477*abc*...

Pour que les chiffres inconnus n'interviennent pas, il faut disposer l'opération comme il suit :

```
      4,54 926pq...
   ...ba7 74,0
   -------------
      1 82 0
        31 8
         3 2
   -------------
      2,17 ø tonnes ou 217ø kilogr.
```

Si nous avions disposé l'opération de cette autre manière :

4,5492 6*pq*...
...*cb* *a*774,0

le dernier chiffre du produit aurait représenté des cent-millièmes ; mais les chiffres inconnus *a b c* de la densité auraient influé sur ces derniers chiffres du produit, donc ils auraient été douteux, et par suite inutiles à calculer.

Dans notre première disposition, il faut observer que

a joue par les retenues qu'il donne un certain rôle ; toutefois, il ne peut guère altérer le dernier chiffre que de quelques unités, ce qui n'altère pas en général l'avant-dernier que l'on conserve seul.

DIVISION ABRÉGÉE.

La division abrégée sert à résoudre l'un ou l'autre des problèmes suivants :

1°. Au moyen de facteurs exacts, trouver le quotient avec une approximation donnée d'avance.

2°. Au moyen de facteurs dont l'approximation est connue, trouver le quotient avec la plus grande approximation possible.

1er *Cas.* — *Facteurs exacts.*

Soit, par exemple, à résoudre le problème suivant :

Problème I. — *On voudrait décrire un cercle de* 10m *de circonférence, trouver son rayon à moins d'un millimètre.*

On sait qu'il suffit de diviser la demi circonférence par $\pi = 3{,}1415926\ldots$, voici comment nous effectuerons rapidement cette opération, en remplissant la condition demandée :

```
5,0000|00 | 3,1415|926535...
  18584   | 1,5916          R = 1,592 mèt.
   2876
     49
     18
```

1°. Après avoir disposé les deux facteurs comme à

l'ordinaire, cherchons le nombre des figures que le quotient doit avoir. Ici, nous trouvons qu'il aura un chiffre entier et trois chiffres décimaux, ce qui donne quatre figures au quotient.

2°. Prenons, à partir du premier chiffre significatif sur la gauche du diviseur, ce nombre de chiffre plus un, et appelons 3,1415 le *diviseur restreint.* En même temps, prenons sur la gauche du dividende assez de chiffres pour contenir ce diviseur restreint.

3°. Faisons la division de 50000 par 31415, comme à l'ordinaire, nous trouvons 1 au quotient. Multiplions le diviseur restreint par ce chiffre, en tenant compte des retenues fournies par les chiffres négligés, et retranchons du dividende, nous avons pour reste 18584.

4°. Pointons un chiffre sur la droite du diviseur restreint, ce qui le réduit à 3141, et divisons le reste obtenu par ce nombre, multiplions et retranchons, comme précédemment, nous obtenons un nouveau reste 2876.

5°. Pointons de nouveau un chiffre au diviseur, et continuons l'opération toujours de la même manière, jusqu'à ce que nous ayons pointé tous les chiffres à l'exception du premier. En barrant le dernier chiffre obtenu, et forçant le précédent, s'il y a lieu, on a le résultat demandé.

Démonstration de la règle précédente. — Il existe un assez grand nombre de théories de la division abrégée, nous choisissons la suivante qui nous paraît extrêmement simple.

1°. Quoique nous ayons restreint le diviseur, assujettissons-nous à l'employer totalement dans chaque division partielle ; les erreurs, s'il y en a, ne viendront pas de ces divisions (1).

2°. Le premier chiffre obtenu 1 est donc exact ; la première erreur commise est celle du produit partiel du diviseur par ce chiffre, puisque nous l'évaluons à moins d'un demi dix-millième. Comme d'ailleurs nous soustrayons ce produit inexact, nous transportons l'erreur commise au dividende.

3°. En acceptant cette altération, le chiffre 5 est exact ; mais nous commettons une nouvelle erreur au produit partiel, que nous transportons par soustraction au dividende : elle est moindre encore qu'un demi dix-millième.

4°. En continuant toujours le même raisonnement, on voit que nous transportons au dividende autant d'erreurs que nous formons de produits partiels, c'est-à-dire quatre (2), et comme d'ailleurs le premier dividende 3,0000 pourrait, par occasion, être en erreur de moins d'un demi-millième ; nous pouvons dire, en général, que la règle indiquée transporte au dividende autant d'erreurs moindres qu'un demi dix-millième, qu'il y a de chiffres au diviseur restreint.

5°. Lorsqu'on altère par addition ou soustraction le dividende sans toucher au diviseur, il est évident que le quotient subit une altération égale à celle du dividende

(1) La règle à calculs dans une pareille opération est d'un usage commode ; elle fait en même temps bien voir que le diviseur n'est restreint que dans les multiplications partielles.

(2) Nous ne comptons pas le produit partiel provenant du dernier chiffre 6 ; puisque la division étant achevée, il est inutile de le faire.

divisée par le diviseur, donc l'erreur du quotient est moindre que

$$\frac{5}{2}\ \frac{1}{10\,000} : 3{,}1415926\ldots$$

et à fortiori $< \dfrac{5}{2.3.10000} < \dfrac{1}{10000} < \dfrac{1}{1000}$

c. q. f. d.

6°. Désignons par n le nombre des chiffres du diviseur restreint, par a le premier chiffre du diviseur. On peut toujours, sans changer les chiffres significatifs du quotient qui sont au nombre de n, faire en sorte que les premiers chiffres significatifs du diviseur et du quotient représentent des unités comme dans l'exemple type qui nous a servi; on pourra dire alors, en répétant le raisonnement précédent, que l'erreur du quotient est moindre que

$$\frac{n}{2a.10^{n-1}}$$

Si le quotient n'a pas plus de 20 chiffres $n : 2.a$ est toujours inférieur à 10; par suite l'erreur est toujours plus petite que

$$\frac{1}{10^{n-2}}$$

Donc, dans tous les cas, après avoir barré le dernier chiffre, on peut compter sur les chiffres décimaux et le chiffre de la partie entière, c'est-à-dire sur $n-1$, chiffres.

Toutes les fois que $n : 2a$ sera moindre que l'unité, on pourra même compter sur le dernier, de sorte que la règle donne, en général, plus d'approximation qu'on en demande. Dans l'exemple choisi le chiffre 6 peut être conservé.

Problème II. — Proposons-nous encore, pour montrer nettement la règle à suivre, l'exemple suivant :

Trouver à moins d'un décimètre cube le volume d'un poids d'air égal à 100 kil., sachant qu'un litre d'air pèse 0,001292743 kil.

La division du poids donné par celui d'un litre d'air, doit s'effectuer à moins d'une unité, à moins d'un litre ; voici le tableau des opérations :

Dividende	Diviseur / Quotient	
100,0000	0,0012 9274 | 3...	
9 5080	7 7354,9	R = 77355 litres.
4588		
710		
64		
12		

L'erreur commise au quotient est moindre d'après la règle précédente que $n : 2\,a$, unités du dernier ordre, ou par suite des nombres donnés moindre que 6/2 ou 3 dixièmes. Ce dernier chiffre est donc réellement douteux, donc nous le barrons en forçant le précédent.

2e *Cas. — Facteurs approchés.*

Soit, par exemple, à résoudre le problème suivant :

Problème. — *Une certaine quantité de mercure pèse 5,4587 kilogr., trouver son volume avec la plus grande* *approximation possible, la densité du mercure étant de* 13,596.

Nous savons qu'à raison de l'imperfection des instruments, on ne peut pas compter sur une exactitude absolue dans l'évaluation des poids et des densités ; admettons donc que les nombres ci-dessus soient connus chacun avec 5 figures exactes, et que l'incertitude commence à la sixième. Représentons les chiffres inconnus par des lettres, les facteurs deviendront :

5,4587*abc*...
13,596*pqr*...

Faisons la division abrégée, en ayant soin que les chiffres inconnus n'interviennent tout au plus que par des retenues. Nous effectuerons l'opération suivante :

```
5,4587|abc...   |13,596|pqr...
  203           |40 149          R = 0,4015 lit.
   67
   13
```

Remarque. — Dans de pareilles opérations, le diviseur et le dividende se trouvent restreints d'eux-mêmes ; donc, si le diviseur donné est contenu dans le dividende donné, le quotient aura autant de chiffres exacts qu'il y en a au diviseur moins un. Si, au contraire, le diviseur donné n'est pas contenu dans le dividende, il faudra lui supprimer un ou plusieurs chiffres à droite, et le nouveau diviseur restreint indiquera l'approximation sur laquelle on peut compter au quotient.

Un second problème éclaircira cette remarque.

Problème. — *Quel est le volume d'un tonneau rempli d'une quantité d'eau de mer qui pèse 1524 kilogr. ; le poids spécifique de l'eau de mer étant 1,0263 ?*

Admettons que ces nombres soient exacts à moins d'une unité du dernier ordre écrit, disposons l'opération comme précédemment en nous dispensant d'écrire des lettres à la place des chiffres inconnus, ce que l'on fait en général dans la pratique ; nous obtiendrons le tableau suivant :

$$\begin{array}{r|l} 1524 & \dot{1},\dot{0}\dot{2}6|3 \\ \hline 498 & 1\ 485 \\ 87 & \\ 5 & \end{array} \quad R = 148 \text{ à } 149 \text{ décalitres.}$$

L'erreur est tout au plus 2 à 3 unités du dernier ordre écrit ; en conservant le 5, on aurait donc un chiffre douteux, mais peu éloigné de la vérité.

SECONDES PUISSANCES ET RACINES CARRÉES.

I. **Seconde puissance d'un nombre.** — L'élévation au carré n'est pas autre chose qu'une multiplication, il est donc facile d'effectuer par abréviation cette opération en procédant comme nous l'avons dit plus haut. Nous nous bornerons à conclure des règles déjà établies le théorème suivant dont nous ferons bientôt usage.

Théorème. — *Si on élève au carré un nombre présentant 4 chiffres exacts (par exemple), le résultat aura*

4 ou 3 chiffres exacts, suivant que le premier chiffre à gauche de ce résultat sera inférieur ou supérieur au premier chiffre du nombre proposé.

Pour démontrer ce théorème, élevons au carré le nombre 4563 supposé vrai jusqu'à la dernière figure écrite, nous formons le tableau suivant :

```
     4563,ab...
  ...ba,3654
  ----------
    1 8252
      2282
       274
        14
  ----------
    2 0822
```

D'après notre manière d'opérer, le dernier chiffre est douteux et il nous reste 4 chiffres exacts. Mais si nous avions élevé au carré le nombre 2154, nous aurions obtenu 4640 par l'opération suivante :

```
     2154,ab...
  ...ba,4512
  ----------
      4308
       215
       108
         9
  ----------
      4640
```

Le dernier chiffre o eût été douteux, et 3 chiffres seulement auraient été certains au résultat.

On voit d'ailleurs facilement que le caractère auquel on reconnaît dans quel cas on se trouve est celui que le théorème énonce.

II. Racine carrée. — Comme les nombres dont on a à extraire la racine dans les applications réelles de la science n'ont jamais un grand nombre de figures, il est à peu près inutile de se servir de la méthode indiquée par les auteurs pour abréger l'opération quand on a obtenu au moins la moitié des chiffres inconnus ; mais il importe de savoir l'approximation du résultat final quand on a affaire à des nombres inexacts, ce qui est le cas le plus ordinaire ; or, on peut démontrer facilement le théorème suivant :

Théorème. — *Si un nombre a quatre chiffres exacts (par exemple), sa racine aura aussi au moins quatre chiffres exacts.*

En effet, nous avons vu que si la racine n'a que 3 chiffres exacts, le carré ne peut pas en avoir plus de 3, donc la racine aura au moins 4 chiffres exacts ; elle peut en avoir cinq, mais on ne peut pas l'affirmer, et c'est un cas plus rare.

Il résulte de ce théorème qu'il n'est pas nécessaire d'avoir égard à toutes les tranches connues d'un nombre décimal pour obtenir successivement les divers chiffres décimaux d'une racine inconnue.

Nous allons éclaicir ces théories par deux exemples.

Problème I. — *En mesurant le diamètre d'un cercle, on a trouvé 3,542 mèt., quelle est sa surface ?*

1°. Élevons au carré le diamètre divisé préalablement par 2 :

```
   1,77 1
   1 77,1
 ----------
   1 77 1
   1 24 0
     12 4
        2
 ----------
   3,13 7  carré du rayon.
```

2°. Multiplions ce résultat par π :

```
    3,1 37
  514 1,3
 ---------
     9 41
       31
       13
 ---------
     9,85   S. = 9,85 mèt. car.
```

3°. Nous avons donc comme résultat final 9,85 mèt. car. pour surface du cercle, et encore le dernier chiffre est un peu douteux ; on peut le garder en ayant soin de le barrer pour indiquer qu'on n'en est pas bien sûr.

Problème II. — *En mesurant les deux côtés d'un rectangle, on a trouvé 5,432 mèt. et 3,543, quelle est la longueur de la diagonale ?*

La diagonale étant l'hypothénuse d'un triangle rectangle dont on connaît les deux autres côtés, nous arriverons au résultat par la série des opérations suivantes :

1°. Élevons au carré chacun des nombres donnés :

5,43 2	3,54 3
2 34,5	3 45,3
27 16 0	10 62 9
2 17 3	1 77 2
16 3	14 2
1 1	1 1
29,50 7	12,55 4

2°. Ajoutons ces deux nombres et extrayons la racine de la somme :

29,5 07	
12,5 54	
42,0 61	6,48
6 0.6	1 24
1 1 01.0	4
70 6	1 288
	8

Remarque. — On observera que nous nous sommes servis des chiffres barrés dans la suite des opérations ; c'est que, comme ils sont peu éloignés des chiffres inconnus, nous atténuons en général l'erreur finale en les employant au lieu des zéros par lesquels nous aurions pu les remplacer.

EMPLOI DES LOGARITHMES.

I. Trouver le logarithme d'un nombre approché. — Nous avons montré au commencement de cet ouvrage que les nombres qui résultent de mesures directes n'ont guère que cinq figures exactes au maximum ; dans la plupart des cas, le nombre des chiffres certains ne dépasse même pas quatre. Il résulte de là que les logarithmes de pareils nombres ne peuvent pas être exacts, que par suite l'emploi de tables étendues comme celles de Callet est presque toujours inutile et illusoire.

Jetons les yeux sur les tables de Houël, nous voyons à la page 4 que les différences des logarithmes consécutifs sont de deux chiffres, et ce fait se manifeste depuis le nombre 800 jusqu'au nombre 5000 environ ; donc tout nombre approché, de quatre figures, inférieur à 5000, n'a pas plus de 3 figures exactes au logarithme.

A partir de cette limite, 5000 jusqu'à 10800, les différences n'ont qu'un chiffre ; donc tout nombre approché, de quatre à cinq figures, compris entre ces limites, a en général quatre figures exactes au logarithme.

Pour continuer notre raisonnement, considérons maintenant les tables de Callet à 7 décimales. A partir de 10800 jusqu'à 50000 environ, nous trouvons 3 chiffres ou un nombre de 2 chiffres très-fort pour différence tabulaire, donc le logarithme d'un nombre approché, compris entre ces limites n'a pas plus de quatre figures exactes.

A partir de 50000 jusqu'aux limites de la table 108000, les logarithmes consécutifs ont 5 figures communes.

De cette discussion toute simple, nous pouvons conclure le théorème suivant :

Théorème. — *L'emploi des tables de Callet est inutile et illusoire dans toutes les applications où les nombres ne sont qu'approchés ; l'emploi des logarithmes à cinq décimales est souvent superflu, et une table à trois ou quatre décimales suffirait presque toujours.*

II. Recherche du logarithme d'un nombre exactement connu. — Admettons qu'il s'agisse de trouver le logarithme d'un nombre tel que :

$$\pi = 3,1415926...$$

à cinq décimales.

Nous cherchons celui du plus grand nombre de figures que nous puissions trouver dans la table, soit :

$$3,141$$

et nous trouvons : 0,497.07 diff. tabul. = 14.

Puis nous multiplions la différence tabulaire par 0,5926...

```
 14,abc...
295 0
------
 70
 13
-----
 83
```

Cette multiplication ne donne, comme on voit, qu'un chiffre sûr, 8, qui, ajouté à 0,497.07, donne :

$$\text{Log. } \pi = 0,497.15$$

La proportion (1) corrective n'est pas parfaitement

(1) La proportion corrective peut même être regardée comme exacte dans les limites où l'on opère, puisque les différences tabulaires ne varient pas dans l'intervalle de plusieurs nombres.

exacte, mais l'erreur qui résulte de son emploi est inférieure à celle qui naît de ce fait, que les différences sont elles-mêmes des nombres approchés ; donc, en résumé, nous pouvons formuler ce théorème :

Théorème II. — *L'emploi des parties proportionnelles fournit toujours la correction demandée au logarithme, elle se compose d'un ou deux chiffres dans les tables à 5 décimales* (1).

III. **Retour des logarithmes aux nombres.** — Si on a un logarithme approché jusqu'à une certaine limite, jusqu'au cinquième chiffre, par exemple, comme les chiffres suivants sont inconnus, on ne peut pas espérer de trouver le nombre correspondant avec exactitude ; quelle sera la dernière figure certaine ?

Pour résoudre cette question, soit le logarithme :

$$0,354.75 = \log.\ x.$$

Nous trouvons dans la table :

$$0,354.68 = \log.\ (2,263) \quad \text{diff. tab.} = 20.$$

Pour trouver la partie complémentaire du nombre nous divisons la différence des deux logarithmes par la différence tabulaire :

$$\begin{array}{r|l} 7,0 & 2\dot{0} \\ \hline 10 & 0,35 \end{array}$$

Cette division, où les deux facteurs sont approchés et où le diviseur a deux figures, ne donne en général qu'une figure exacte au quotient, plus rarement deux.

(1) On abrége l'opération au moyen de la règle à calculs.

Donc :

Théorème. — *Dans le retour aux nombres, la correction ne doit pas dépasser un chiffre en général* (1).

IV. Emploi des logarithmes dans les calculs. — L'emploi des tables de logarithmes n'a rien de bien avantageux, quand on possède parfaitement la pratique des opérations abrégées et qu'on n'a pas affaire à des lignes trigonométriques. Il présente même un inconvénient : comme les opérations s'exécutent indirectement par ces nombres auxiliaires, l'approximation finale est masquée et plus difficile à apercevoir. Aussi il est souvent commode, pour en trouver la limite, d'imaginer qu'on se soit dispensé de l'emploi des logarithmes ; à moins qu'on ait eu le soin de barrer dans le cours du calcul tous les chiffres douteux. — Eclaircissons ceci par un exemple :

Problème. — *Trouver la surface d'un triangle équilatéral dont le côté mesuré a pour longueur 4,535 mèt.*

La formule de la surface, en nommant a le côté, est :

$$S = \frac{a^2 \sqrt{3}}{4} = \frac{(4{,}535)^2 \sqrt{3}}{4}$$

d'où l'on tire :

$$\begin{aligned} \text{Log. } S &= 2 \text{ log. } (4{,}535) && = \quad 1{,}313.16 \\ &\quad + 1/2 \text{ log. } 3 && \quad + 0{,}238.56 \\ &\quad + C^t \text{ log. } 4 && \quad + 9{,}397.94 - 10 \\ & && = \quad 0{,}949.66 \end{aligned}$$

$S = 8{,}905\ldots$ m. car., résultat demandé.

(1) Les petites tables de la dernière colonne, ou la règle, font immédiatement connaître cette correction.

Le résultat 8,905... mètr. car. n'est pas exact, quel est le dernier chiffre certain? Il y a deux manières de raisonner :

1°. Si nous avions exécuté l'opération sans logarithmes, nous aurions eu 4 chiffres certains au carré $(4,535)^2$ par suite 3 au produit par $\sqrt{3}$, par suite 3 au moins au quotient final.

2°. Comme nous avons eu soin de barrer les chiffres douteux, nous voyons que le logarithme de 4,535 a au plus 3 chiffres exacts; en le multipliant par 2, nous en trouvons tout au plus autant; donc le résultat de l'addition 0.949.66 a trois chiffres décimaux certains, le quatrième déjà est douteux ; donc en se reportant à la partie de la table qui donne le nombre correspondant, on voit que trois chiffres significatifs du résultat sont certains, les autres sont douteux.

EMPLOI DE LA RÈGLE A CALCULS.

Nous ne donnerons pas ici la théorie de cet instrument, non plus que les instructions nécessaires pour en faire usage; on les trouvera dans des brochures spéciales auxquelles nous n'avons rien à ajouter. Nous dirons seulement qu'une longue pratique de la règle nous en a démontré tous les avantages, et ils sont nombreux :

1°. Comme la règle (1) permet la lecture des nombres de *trois* chiffres et quelquefois de *quatre*, on voit qu'elle peut servir à effectuer complétement, avec toute l'approximation possible, la plupart des calculs industriels.

(1) Celle dont nous nous servons de préférence est la règle modifiée de Manheim à curseur; elle est d'un usage très-commode.

2°. Le quotient de deux nombres quels qu'ils soient s'effectue immédiatement avec 3 figures; et dans les cas les plus compliqués où l'usage de la plume est nécessaire, la règle tenue à la main au moment de l'opération fait constamment la preuve de l'opération et, en même temps, empêche toute hésitation dans les divisions partielles.

3°. L'extraction des racines carrées s'effectue immédiatement avec 3 ou 4 chiffres, ce qui suffit à peu près toujours.

4°. Les corrections logarithmiques se calculent plus commodément avec la règle qu'avec les petites tables des parties proportionnelles.

Etc.

Nous ne saurions trop recommander aux professeurs et aux élèves de surmonter leurs préventions à l'égard de cette invention; ils seront au bout de peu de temps largement récompensés de leur peine. La règle à calculs est pour les opérations habituelles d'un savant, d'un mécanicien ou d'un industriel, ce qu'est une table de logarithmes pour un astronome; elle économise le temps, elle soulage l'attention, en substituant une opération mécanique à des combinaisons de notre esprit. Sans doute il ne faut point en faire exclusivement usage, car si on demande un résultat avec plus de 3 figures, la règle ne peut le donner qu'avec incertitude; mais dans le cas où elle peut suffire, il est certain qu'elle est très-avantageuse, tous les praticiens le reconnaissent.

§ V.

Erreurs relatives.

Nous n'avons fait jusqu'à présent aucun usage des *erreurs relatives* pour traiter la question des approximations dans les cas les plus compliqués qui peuvent se présenter ; nous pensons, en effet, que cette théorie est inutile pour les applications, et que les méthodes que nous avons exposées, fondées sur la multiplication et la division abrégées, suffisent toujours. Il est bon toutefois de connaître la définition des erreurs relatives, et quelques théorèmes qui s'y rapportent.

DÉFINITION. — On nomme *erreur relative* d'un nombre le rapport qui existe entre l'erreur absolue et le nombre.

Ordinairement on en assigne une limite.

Soit, par exemple, le nombre :

$$\pi = 3,1415926...$$

Si nous nous bornons aux trois premières figures, nous commettrons une erreur absolue :

$$a = 0,0015926...$$

Et l'erreur relative sera :

$$\alpha = \frac{0,0015926...}{3,1415926...} < \frac{1,59...}{31\,41,59...} < \frac{2}{3000} < \frac{1}{1000}$$

D'où l'on voit que l'erreur relative est moindre que la

millième partie du nombre. C'est par des considérations analogues que, dans tous les cas, on peut trouver une limite de l'erreur relative commise dans un nombre.

Théorème I. — *Si dans un nombre on conserve quatre chiffres, l'erreur relative est moindre que :*

$$\frac{1}{a.10^3}$$

en nommant a le premier chiffre.

En effet, puisque l'on conserve quatre chiffres à partir du premier chiffre significatif, l'erreur absolue est moindre qu'une unité de l'ordre de ce quatrième chiffre ; mais, d'un autre côté, le nombre vaut au moins $a \times 10^3$ unités de cet ordre, donc l'erreur relative est certainement inférieure à

$$\frac{1}{a.10^3}$$

Car en prenant cette limite, nous remplaçons dans la fraction, qui exprimerait véritablement l'erreur relative, le numérateur par une quantité plus forte, et le dénominateur par une quantité plus faible.

Remarque I. — Si l'on connaît le chiffre qui suit celui celui auquel on s'arrête, on peut alors faire que l'erreur absolue soit inférieure à une demi-unité de l'ordre du quatrième chiffre, par suite la limite ci-dessus devient

$$\frac{1}{2a.10^3}$$

Théorème II. — *Réciproquement, si l'erreur relative d'un nombre est donnée inférieure à :*

$$\frac{1}{a.10^3}$$

On peut compter sur trois figures toujours, et sur quatre si le premier chiffre du nombre est inférieur à a.

En effet, dire que l'erreur relative est inférieure à $1/6.10^3$ ou $1/6000$, par exemple; c'est en d'autres termes dire que l'erreur absolue ne vaut pas la 6000[e] partie du nombre; donc :

$$\text{Erreur absolue} < \frac{\text{Nombre.}}{6000}$$

Mais d'un autre côté, le nombre est inférieur à 1000 unités du 3e ordre à partir du premier chiffre significatif, et *à fortiori* à 6000 unités de cet ordre; donc :

$$\text{Erreur absolue} < \frac{6000 \text{ unités du } 3^e \text{ ordre.}}{6000}$$

Ou bien :

$$< \text{une unité du } 3^e \text{ ordre.}$$

Donc, on peut toujours compter sur 3 chiffres.

Admettons que 4 soit le premier chiffre du nombre; il est inférieur à 6. On peut dire, dans ce cas, que le nombre est moindre que 6000 unités du 4e ordre, et par suite que l'erreur absolue est moindre qu'une unité du 4e ordre; donc, on peut compter sur quatre chiffres.

Corollaire. — On voit par les deux théorèmes qui précèdent que l'on connaît l'erreur relative d'un nombre approché en comptant le nombre de ses chiffres; et que réciproquement sitôt que l'erreur relative est donnée, on en conclut le nombre des chiffres certains (1).

(1) Ici nous pourrions, à l'exemple de quelques auteurs, placer une discussion délicate, montrant clairement qu'il n'est pas toujours permis

Théorème III. — *L'erreur relative d'un produit de facteurs approchés est à peu près égale à la somme des erreurs relatives des facteurs.*

La démonstration pour deux facteurs suffit ; on l'étend sans peine au cas de plusieurs.

1er Cas. — *Un seul facteur approché.* — Supposons le muliplicande exact, et le multiplicateur approché et ayant 1/100 d'erreur relative. Puisque le multiplicateur a 1/100 d'erreur relative, c'est qu'on en a négligé le centième, c'est que le nouveau multiplicateur n'est que les 99/100 du vrai multiplicateur ; donc le nouveau produit ne sera que les 99/100 du vrai produit ; donc il aura bien une erreur relative de 1/100.

2e Cas. — *Deux facteurs approchés.* — Supposons le multiplicande A en erreur de 1/10 de sa valeur ; et le multiplicateur B en erreur de 1/100 de sa valeur. Le produit effectué sera $A \times B$; il devrait être $A' \times B'$ en désignant par les mêmes lettres accentuées les facteurs vrais. Considérons à côté de ces deux produits, le produit intermédiaire.

$$A \times B'$$

Nous dirons :

AB′ diffère de A′B′ de 1/10 de A′B′ (premier cas).
AB diffère de AB′ de 1/100 de AB′ (premier cas).
ou de 1/100 de A′B′ à peu près.

de dire qu'on peut compter sur quatre chiffres, quand l'erreur absolue est moindre qu'une unité du quatrième ordre ; nous n'en ferons rien cependant, pour ne pas déroger à notre principe de rapidité dans les discussions.

Donc

AB diffère de A′B′ de (1/10 + 1/100) de A′B′, environ.

c. q. f. d.

Remarque I. — Notre raisonnement suppose que les erreurs des facteurs sont de même sens ; dans le cas contraire, nous gardons au théorème la même forme ; mais il est bien clair que l'erreur relative est alors inférieure à la somme des erreurs relatives des facteurs.

Remarque II. — Dans les applications on ne connaît pas les erreurs relatives mêmes, mais des limites de ces quantités, et le théorème montre alors que l'erreur du produit est dans tous les cas inférieure à la somme des nombres qui donnent ces limites.

Corollaire I. — L'erreur relative d'un quotient est inférieure à la somme des erreurs relatives des facteurs.

Corollaire II. — L'erreur relative d'une puissance est inférieure à l'erreur relative du nombre donné, multipliée par l'indice de la puissance.

Corollaire III. — L'erreur relative d'une racine est inférieure à l'erreur relative du nombre donné, divisée par l'indice de la racine.

Tous ces corollaires découlent du théorème relatif au produit, comme leurs analogues dans la théorie des logarithmes. Il faut remarquer toutefois que nous admettons qu'on ait remplacé les erreurs relatives par des limites supérieures, comme on le fait toujours dans les applications.

---

§ VI.

Applications des théories précédentes à divers problèmes.

Dans ce paragraphe nous allons donner avec quelque détail la solution de divers problèmes, pour montrer comment on fait usage des théories que nous avons exposées. Nous rappellerons une fois pour toutes que les chiffres barrés sont douteux, ainsi que les chiffres qui les suivent à droite. Nous les conserverons ordinairement dans le courant des calculs, parce qu'ils sont *probablement* plus voisins des véritables chiffres que les zéros que nous mettrions à leur place; c'est dans le résultat final qu'ils disparaîtront. Une convenance purement typographique nous fera souvent écrire a/b ou $a:b$ au lieu de $\frac{a}{b}$, le lecteur reviendra facilement à cette dernière notation en suivant nos calculs.

Les problèmes que nous offrons aux élèves comme exercices, ont été la plupart proposés aux candidats au baccalauréat, soit à Paris, soit ailleurs. Nous avons cherché dans les autres à mettre en relief les cas difficiles des calculs d'approximation, pour manifester toute la simplicité de la méthode.

Problème I. — *De tous les travaux exécutés jusqu'en 1841, pour déterminer la forme de la terre, l'as-*

tromome Bessel a déduit le résultat suivant : le quart du méridien vaut 5.131.180 toises, avec une incertitude de 256 toises en plus ou en moins, on demande quelle serait la valeur de la toise en mètres, si on prenait le nombre de Bessel pour baser le système métrique.

Réponse. — Il suffit de diviser 10.000.000 par 5.131.180 pour trouver le résultat demandé. Nous observerons qu'avec l'incertitude de 256 toises, les trois derniers chiffres au moins du diviseur sont douteux, donc le quotient ne peut pas avoir plus de trois à quatre chiffres certains.

10000	000	5 131	180
4869		1,949	
251			
46			

Nous trouvons donc que la toise vaudrait :

1,949 mètres.

Delambre et Méchain avaient déduit de leur mesure de l'arc du méridien compris entre Dunkerque et Barcelone que la distance du pôle à l'équateur était 5 130 740 tois. On ne trouve pas dans leur travail, comme dans celui de Bessel, la grandeur de l'incertitude de cette évaluation ; il est rationnel d'admettre, sans discuter de nouveau tous les détails de leurs calculs, qu'ils n'ont écrit que les chiffres significatifs certains ; le chiffre 4 est donc le dernier chiffre sur lequel on puisse compter ; dans ce cas, la longueur de la toise présente les 5 chiffres exacts suivants :

1,94903 mètres.

On voit que ces deux mesures ne diffèrent pas dans la série des chiffres sûrs.

On voit de plus que les auteurs ont tort de donner la valeur de la toise en mètre avec plus de quatre chiffres décimaux ; tous ceux qui suivent les dixièmes de millimètres sont incertains, et par suite inutiles à écrire.

Problème II. — *Un physicien a pesé une certaine quantité de mercure à 0°, et il a trouvé*

934,47 *grammes ;*

il veut savoir quel volume il occupe, en adoptant

13,596

pour la densité du mercure par rapport à l'eau.

Réponse. — Faisons usage des théorèmes sur les erreurs relatives, pour en montrer l'inutilité dans les calculs approximatifs. Les deux nombres ci-dessus sont certains à une unité près du dernier ordre conservé ; donc l'erreur relative du premier est moindre que 1/90000 ; celle du second est moindre que 1/10000 ; donc l'erreur relative du quotient demandé est inférieure à la somme 1/9000 de ces deux nombres ; donc on peut compter sur quatre chiffres, en effectuant la division à la manière ordinaire.

C'est ce que nous aurions vu sans discussion aucune, en effectuant la division abrégée comme il suit :

934,47	*a b...*	13,596	*p q...*
118 71		68,730	centim. cubes.
9 94			
42			
1			

Problème III. — *Un vase a la forme d'une cuve rectangulaire, ses dimensions mesurées sont :*

0,942 *mètr.* 0,452 *mètr.* 0,464 *mètr.*

quelle est sa capacité ?

Réponse. — On l'obtient en multipliant les trois dimensions, ce qui conduit aux opérations suivantes :

0,942	0,425 8
254,0	464,0
3 768	1 703
471	255
19	17
0,4258	0,1975

Donc la capacité est environ

197 litres.

Problème IV. — *Transformer en toises, pieds, pouces, lignes.... la longueur mesurée suivante :*

154,85 *mètres.*

Réponse. — Nous retiendrons que le quart du méridien renferme environ, d'après Delambre et Méchain :

5 130 740 toises.

Donc le mètre vaut :

0,513 074 tois.

La multiplication de ce nombre par 154,85 donnera le nombre demandé.

15 4,85
470 3 15,0

77 4 25
1 5 49
4 65
11
1

79,4 51

Donc, déjà la longueur donnée vaut 79 toises. Il s'agit maintenant de convertir en pieds 0,451 de toises ; or, la toise valant 6 pieds, on fera la multiplication suivante :

6,0 0
1 5 4,0

2 4 0
3 0
1

2,7 1

Nous trouvons 2 pieds, et il reste à convertir en pouces la fraction qui reste, ce qui conduit encore à une multiplication :

1 2,0
1 7,0

8 4
1

8,5

Nous trouvons 8 environ ; donc enfin :

154,85 mètr. = 79 tois. 2 pi. 8 po.

Problème V. — *Un morceau de laiton pèse* 45,638 *grammes dans l'air, que pèsera-t-il dans l'eau, la densité du laiton est* 8,39 *?*

Réponse. — Nous agirons comme si le laiton n'éprouvait dans l'air aucune perte, parce qu'elle est insignifiante ; cherchons le volume du laiton en divisant son poids par sa densité.

$$\begin{array}{r|l} 45{,}638 & 8{,}39 \\ \hline 3\ 69 & 5{,}44 \\ 33 & \end{array}$$

Nous trouvons 5,44 cent. cub. pour volume. Plongé dans l'eau, ce corps perdra 5,44 grammes, donc il ne pèsera plus que :

$$45{,}638 - 5{,}44 = 40{,}20 \text{ grammes.}$$

Remarque. — Il est facile de voir que la perte de poids dans l'air est insignifiante ; en effet, le volume du corps est à peu près 5,44 cent. cub. ou 0,00544 litres ; mais *un* litre d'air pèse environ 1,3 grammes, donc le poids de l'air déplacé par le corps est environ :

$$1{,}3 \times 0{,}00544 = 7 \text{ milligrammes.}$$

Ce calcul nous montre que la correction relative à l'air dans la mesure des poids rapportés au vide est souvent inutile à effectuer.

Problème VI. — *Combien faut-il de kilogrammes de vapeur d'eau à* 100° *pour élever* 40 *litres du même liquide de* 0° à 95°.

Réponse. — Nous dirons : 1°. Pour passer de 0° à

95°, 40 litres d'eau, qui pèsent 40 kilogr., exigent une quantité de chaleur égale à :

$$40 \times 95 = 3800 \text{ calories.}$$

2°. Ce calorique est fourni par la quantité inconnue de vapeur, qui d'abord, en se liquéfiant, dégage, comme on sait, 536 calories par kilogr., puis en passant de 100° à 95° dégage encore 5 calories par kilogr. Il faut donc trouver un nombre qui, multiplié par 541, reproduise 3800 ; ce nombre est donné par une division, dans laquelle le diviseur n'est qu'approché, nous pourrons compter sur trois chiffres.

3800	541
13	7,02

Donc, il faut 7 kilogr. de vapeur d'eau, environ.

Problème VII. — *Trouver le côté d'un carré équivalant à un cercle de 1 mètre de rayon.*

Réponse. — Ce problème est un cas particulier du fameux problème de la *quadrature du cercle* ; on peut le résoudre avec telle approximation qu'on veut. Cherchons, par exemple, le côté du carré à moins d'une épaisseur de cheveu ou d'un centième de millimètre. Il suffit d'extraire à moins d'un cent-millième la racine carrée du nombre.

$$\pi = 3,1415926535\ldots$$

Comme ce nombre est connu avec un nombre presqu'illimité de chiffres décimaux, nous pourrons nous servir de toutes les figures que les tranches nous donneront ;

mais nous remarquerons que nous arriverions au même résultat en remplaçant les cinq dernières figures par des zéros ; nous trouverons :

$$\sqrt{\pi} = 1,77245$$

qui pourra nous servir dans d'autres problèmes.

REMARQUE. — Il est bon, pour résoudre un assez grand nombre de problèmes, d'avoir développé plusieurs nombres, tels que $\sqrt{\pi}$, $\sqrt{2}$, $\sqrt{3}$,... $1/\pi$, $1/g$... On les trouve à la fin des tables de Houël.

PROBLÈME VIII. — *Dans un triangle isoscèle* A B C, *la base* BC *est de* 1235 *mètres, et la valeur commune des angles* B *et* C *est de* 64° 22′, *trouver le rayon du cercle inscrit au triangle. Les données sont ici approximatives.*

RÉPONSE. — Pour résoudre le problème, il suffit de mener la bissectrice de l'un des angles à la base jusqu'à la rencontre de la hauteur, et l'on obtient :

$$\text{Rayon} = 617,5 \text{ tang. } 32^{\circ}.11'$$

Nous jugerons de l'approximation finale en employant les tables de logarithmes, et barrant les chiffres douteux pour fixer notre attention sur ceux qui sont certains.

Log. 617, 5.......	2,79 0.~~64~~	
Log. tang. 32°. 11′.....	9,79 8.~~88~~	— 10
Log. (Rayon)......	2,58 9.~~52~~	
Rayon......	3 88,6...	389 mèt.

PROBLÈME IX. — *On mélange* 5,432 *kilog. d'argent*

au titre de 850/1000 *avec* 4,538 *kilogr. d'argent au titre de* 735/1000, *on demande quel sera le titre du mélange final ?*

Réponse.

Poids du mélange :

```
 5,43 2
 4,53 8
-------
 9,97 0
```

Argent fin du premier :

```
 5,43 2
 0 58,0
-------
 4 34 6
   27 2
-------
 4,61 8
```

Argent fin du second :

```
 4,53 8
 5 37,0
-------
 3 17 7
   13 6
    2 3
-------
 3,33 6
```

Poids total de l'argent fin :

```
 4,61 8
 3,33 6
-------
 7,95 4
```

Titre du mélange :

```
 7,954 | 9,970
   975 | 0,798
    78
```

Réponse : 0,800

Problème X. — *Calculer le volume du solide décrit par le secteur circulaire* AOB *tournant autour de* AO. *On suppose que l'angle* AOB *est de* 35° 24′, *et que le rayon* AO *est de* 7,34 *mètr. Les données sont approximatives.*

On sait que la surface de la zone engendrée est :

$$2\pi RH.$$

et que le secteur a pour mesure la zone qui lui sert de base multipliée par le tiers du rayon, donc :

$$\text{Secteur} = 2/3\,\pi R^2H.$$

La hauteur de la zone se trouvera par la formule :

$$H = R - R\,\text{Cos}\,AOB = R(1 - \text{Cos}\,AOB) = 2R\,\text{Sin}^2\,17°42$$

d'où l'on voit que finalement le secteur est donné par la formule :

$$\text{Secteur} = 4/3\,\pi R^3\,\text{Sin}^2\,17°\,42'$$

	Log. $4/3\,\pi$	0,622.09
3	Log. R	2,597.10
2	Log. Sin 17° 42' ..	8,965.84 — 10
	Log. (surface).....	2,185.03
	Surface.....	153 mètres carrés.

Le dernier chiffre même n'est pas très-sûr.

Problème. XI. — *La différence entre les surfaces du carré et de l'hexagone réguliers inscrits dans un même cercle est de 4 mètres carrés. Trouver la surface du cercle à un millième près.*

Réponse.

Surface du carré	$2R^2$
Surf^ce de l'hexag^ne	$1,5R^2\sqrt{3}$
Diff^ce de ces surf^ces	$1,5R^2\sqrt{3} - 2R^2 = (1,5\sqrt{3} - 2)R^2$
Carré du rayon	$R^2 = 4 : (1,5\sqrt{3} - 2)$
Surface du cercle	$\pi R^2 = 4\pi : (1,5\sqrt{3} - 2)$

Le dénominateur est un nombre décimal commençant par zéro ; le numérateur est un nombre peu supérieur à 12, il est facile d'apercevoir par là que le quotient aura deux chiffres à la partie entière ; si donc nous cherchons deux chiffres décimaux, il est certain que l'erreur commise sur la surface sera moindre que 1/1000 de cette surface. Or, pour avoir quatre figures au quotient, il en faut 5 au diviseur.

Calcul de $1,5\sqrt{3}$

```
1,73205 08...
      5,1
-----------
 1 732051
   866025
-----------
 2,598076
```

Calcul de $1,5\sqrt{3}-2$

```
 2,598076
 2
-----------
 0,598076
```

Calcul de 4π

```
3,1415926...
        4
-----------
12,56637
```

Calcul de πR^2

```
12,5664 | 0,59808
  6048  |----------
    67  | 2. 1,011
     7  |
```

Réponse. — 21,01 mètr. car.

Problème XII. — *Trouver la surface d'un triangle dont on a mesuré les trois côtés :*

$a = 234,6$ mèt. $b = 356,4$ mèt. $c = 284,8$ mèt.

Réponse. — On sait que la surface d'un triangle est donnée par la formule :

$$S = \sqrt{p(p-a)(p-b)(p-c)} \qquad p = 0{,}5(a+b+c)$$

$p = 437{,}9$	log. p	$=$	$2{,}641.37$
$p-a = 203{,}3$	log. $(p-a)$	$=$	$2{,}308.14$
$p-b = 81{,}5$	log. $(p-b)$	$=$	$1{,}911.16$
$p-c = 153{,}1$	log. $(p-c)$	$=$	$2{,}184.98$
	log. S^2	$=$	$9{,}045.65$
	log. S	$=$	$4{,}522.82$
d'où...............	S	$=$	33338 mètr. carr.
d'où, enfin.........	S	$=$	333 ares.

Le tableau des opérations précédentes montre bien l'approximation finale, si on a soin de barrer les chiffres douteux. On pourrait opérer assez rapidement sans logarithmes, comme il suit :

p....	4 37,9		8 9020
$p-a$....	3,30 2	$p-b$....	5,18
	8 75 8		71 22
	13 1		89
	1 3		45
	8 90 20		72 56000

	7256000	11.1 2.0 0.0 0.00	3334
$p-c$...	1,351	2 1.2	63
	726	2.3 0.0	3
	363	3 1 1 0.0	663
	22		3
	1		6664
	1112000000		4

Ainsi nous trouvons pour la surface

$$S. = 33340 \text{ mètres carrés},$$

ou en gardant seulement les chiffres sûrs

$$S. = 333 \text{ ares},$$

comme précédemment.

Problème XIII. — *On a deux triangles équilatéraux dont les côtés sont : pour le premier 43,57 mètr., pour le deuxième 68,35 mètr. ; calculer le côté d'un troisième triangle équilatéral dont la surface serait égale à la somme des surfaces des deux premiers.*

Réponse. — Les trois triangles équilatéraux étant des figures semblables sont entr'eux comme les carrés construits sur les côtés homologues. Le problème revient donc à faire un carré équivalent à la somme de deux autres. On suivra facilement le tableau de nos opérations :

43,57	68,35
75,34	53,86
17428	41010
1307	5468
218	205
30	34
$(43,57)^2 = 1898,3$	$(68,35)^2 = 4671,7$

1898,3	
4671,7	
x^2... 6570,0	81,05... x
170	161
900	1
	162

Donc : $x = 81,1$ mètr.

Problème XIV. — *Calculer en hectares la surface d'un hexagone régulier dont le côté a une longueur de 235 mètres.*

Réponse.

Apothème $= 1/2 . 235 \sqrt{3}$ $\sqrt{3} = 1,73205\ldots$
Surface $= 3/2 . 235^2 . \sqrt{3}$

Carré de 235	*Produit du carré par 1,5 : $\sqrt{3}$*
235	5 5300
532	..37,1
470	55
71	39
12	2
55300	9 6000
	5,1
	96
	48
	14 4000

Donc : S. $=$ 14 hectares.

Remarque. — On pourrait diriger autrement le calcul, en formant d'abord $3/2 \sqrt{3} = 2,5981\ldots$.

Problème XV. — *Étant donné un arc de cercle de 60°, calculer la corde, la surface du segment et celle du secteur, le rayon du cercle étant 2,35 mètres, à moins d'un demi-centimètre.*

Réponse. — La corde est égale au rayon.

La surface du secteur est le 6e de la surface du cercle, qui se calcule par la formule πR^2

Calcul de R^2 *Calcul de* πR^2

2,3 5	5,53
5 3,2	41,3
4 7 0	16 6
7 1	6
1 2	2
5,5 3	17,4

Secteur = 2,9 mètr. carr.

La surface du segment s'obtient en retranchant du secteur la surface du triangle équilatéral qui a 2,35^m de côté, lequel vaut $1/4 . (2,35)^2 \sqrt{3} = (2,35)^2 . 0,43301$.

5,5 3
33 4,0
2 2 1
1 7
2

Triangle = 2,4 ø mètr. car.

Donc la surface du segment est :

S = 0,5 mèt. car.

Problème XVI. — *On plonge dans l'eau d'un calorimètre* 64,145 *de naphtaline à* 64°,45 ; *la corbeille qui porte la naphtaline réduite en eau est* 3,8625 *grammes. L'eau du calorimètre et les accessoires réduits en eau, pèsent* 421,8478 *grammes, la température finale de l'eau est* 24°,36 ; *et l'élévation de la température du calorimètre est* $2^{\circ},36$; *quelle est la chaleur spécifique de la naphtaline?*

Réponse.

Chaleur spécifique de la naphtaline. x
Chaleur perdue par la naphtaline. $64,145 \times 40,09 \times x$
Chaleur perdue par la corbeille. . . $3,8625 \times 40,09$
Chaleur gagnée par le calorimètre. $421,8478 \times 2,36$

De cette analyse on conclut, pour déterminer x l'équation suivante :

$$64,145 \times 40,09 \times x = 421,8478 \times 2,36 - 3,8625 \times 40,09$$

d'où

$$x = \frac{421,8478 \times 2,36 - 3,8625 \times 40,09}{64,145 \times 40,09}$$

Opérations :

42 1,8478	3,8 625	996
63,2	9 0,04	154,85
84 4	15 4 50	841
12 7	35	
2 5	15 4,85	
99 6		

64,1 45	841	257 1,6
90,0 4	70	0,327
256 5 8	19	
5 8		
257 1,6		

Réponse : 0,33

Remarque I. — Nous trouvons 0,32513 dans l'ouvrage dont nous avons extrait nos données; on voit clairement que les trois dernières décimales sont douteuses, et qu'on peut mettre à leur place les premiers chiffres venus. Le physicien qui a calculé ce nombre, probablement avec les tables de Callet, a confondu les chiffres réellement certains avec ceux que le calcul fournit quand on suppose les données parfaitement exactes.

REMARQUE II. — Notre méthode montre bien aussi l'inutilité de certaines précautions :

1°. La première multiplication nous apprend que les décigrammes suffiraient dans la pesée du calorimètre.

2°. La seconde multiplication, suivie d'une soustraction, nous montre que la corbeille peut être évaluée au centigramme seulement.

3°. La troisième multiplication, unie à la division finale, nous montre l'inutilité de peser la naphtaline au delà du centigramme.

4°. Nous remarquons enfin que l'approximation des températures, quoique déjà très-grande, est trop faible par rapport à celle des pesées. Le thermomètre est un instrument grossier relativement aux balances.

PROBLÈME XVII. — 8521,25 *grammes de fer, à la température de* 55°,42, *sont mélangés avec* 25 *kilog. d'eau à* 15°,17, *la valeur du vase réduit en eau est de* 421,18 *gr., la température finale est* 16° 59. *Quelle est la chaleur spécifique du fer ?*

RÉPONSE.

Chaleur spécifique du fer. x
Chaleur perdue par le fer. 8521,25 × 38,83 × x
Chaleur gagnée par l'eau. . 250 00 × 1,42

Chaleur gagnée par le vase. $421,18 \times 1,42$

Chaleur totale gagnée.... $25421,18 \times 1,42$

De cette analyse il résulte qu'on déterminera x par l'équation suivante :

$$8531,25 \times 38,83 \times x = 25421,18 \times 1,42$$

d'où

$$x = \frac{25421,18 \times 1,42}{8521,25 \times 38,83}$$

Opérations :

25 421,18	85 21,25	36100	3 30 | 89
24,1	38,83	30	1,09
25 4	255 64		
10 2	68 17	Réponse : 1,1.	
5	6 82		
36 100	26		
	330 89		

Remarque. — Nous pourrions faire des calculs semblables sur toutes les données de M. Regnault, et montrer partout l'exagération de l'approximation de ses résultats, que les ouvrages de physique enregistrent cependant avec confiance.

Problème. — XVIII. — *Évaluer, à 1/1000 de mètre carré près, les deux segments dans lesquels l'aire d'un cercle est divisée par une corde égale au rayon. On supposera le rayon égal à 7 mètres.*

Réponse. — Puisque la corde du plus petit segment

est égale au rayon, nous avons affaire au segment de 60°, ou au segment déterminé par un côté d'hexagone régulier, nous raisonnerons comme il suit :

Segment = secteur — triangle.
Secteur = 1/6 du cercle = $1/6.\pi.7^2$
Triangle = $7 \times 7/4 \sqrt{3} = 12{,}25 \sqrt{3}$

donc :

Segment = $8{,}166\ldots \pi - 12{,}25 \sqrt{3}$

Opérations. — Nous allons évaluer chaque produit à moins de 1/1000.

```
   8,166 66...
...95 141,3
-----------
  24 500 0
     816 7
     326 7
       8 2
       4 1
         7
-----------
  25,656 4
  21,217 6
-----------
   4,438 8
```

```
√3 = 1,732 050807...
         52,21
--------------------
       1732 05
        346 41
         34 64
          8 66
--------------------
       21,21 76
```

Réponse = 4,44 mètr. carr.

Remarque. — Ce résultat donne l'un des segments, l'autre s'obtiendrait facilement en évaluant l'aire du cercle 49π.

Problème XIX. — *Calculer le poids d'un obélisque*

qui a la forme d'un tronc de pyramide à base carrée, sachant que les deux côtés des bases du tronc sont 1,83 mètr. et 0,75 mètr., que sa hauteur est de 67,25 mètr., et que la densité de la matière de l'obélisque est 2,57, celle de l'eau étant prise pour unité.

RÉPONSE.

Première base.......... $(1,83)^2$
Seconde base.......... $(0,75)^2$
Moyenne prop.......... $1,83 \times 0,75$
Tiers de la hauteur....... $1/3 . 67,25$

D'où l'on tire :

$$\text{Volume} = 1/3 . 67,25 (1,83^2 + 0,75^2 + 1,83 \times 0,75)$$

Opérations :

```
 1,83          0,75           1,83
 38,1           57,0          57,0
 183           525            128
 146            38              9
   5          0,563          1,37
 3,34

 3,34        5,27      V = 1/3 . 354 mètr. cub.
 0,563      52,76        = 118 mètr. cubes.
 1,37        316
 5,27         37
               1
             354
```

PROBLÈME XX. — *La corde* AB *dans le cercle* O

est égale à 3,275 mèt.; la corde AC qui sous-tend un arc double de l'arc AB est égale à 4,120 mètr. Calculer le rayon du cercle.

Réponse. — En nommant a la corde AC et b la corde AB, on trouve facilement par la considération de triangles rectangles tracés sur la figure :

$$b^2 = 2\,R\left(R - \sqrt{R^2 - \frac{a^2}{4}}\right)$$

de là on déduit en isolant le radical au second membre, et en élevant ensuite au carré :

$$b^4 = (2b+a)\,(2\,b - a)\,R^2$$

par suite :

$$R = \frac{b^2}{\sqrt{(2b+a)\,(2b-a)}}$$

Calculs :

$2b+a$	10,670	Log...	1,028.16
$2b-a$	2,430	Log...	0,385.61
$(2b+a)\,(2b-a)$		Log...	1,413.77
$\sqrt{(2b+a)\,(2b-a)}$		Log...	0,706.88
b^2		Log...	1,030.42
R		Log...	0,323.54
R			2,11 mètr.

Remarque. — On pourrait opérer sans logarithmes assez rapidement, et c'est un exercice utile à faire. Tout en se servant des tables, on pourrait aussi trouver la limite de l'approximation, en raisonnant comme si l'on avait calculé le résultat sans leur secours.

Problème XXI. — *Construire un cylindre dont la hauteur soit égale au diamètre, et qui ait la capacité d'un double décalitre.*

Réponse. — Les données sont ici exactement connues, nous allons chercher le diamètre du cylindre à moins d'*un millimètre.*

La formule :

$$V = 1/4\, \pi\, D^2 H$$

donne, en y mettant 20 à la place de V et D à la place de H.

$$1/4\, \pi\, D^3 = 20,$$

d'où

$$D^3 = 80 : \pi.$$

Calcul :

Log. 80	1,903.09	
Log. $1/\pi$	9,502.85 — 10	
Log. D^3	1,405.94	
Log. D	0,468.65	
D	2,942	décimètres.

Problème. — XXII. — *On a deux octogones réguliers dont les côtés sont respectivement* 58,35 *mètr. et* 37,28 *mètr.; on demande de calculer à* 1/100 *près le côté d'un troisième octogone régulier dont la surface serait égale à la somme des surfaces des deux premières ?*

Réponse. — Le problème est le même que s'il s'agissait de faire un carré égal à la somme de deux autres :

$$x^2 = (58,35)^2 + (37,28)^2.$$

Chacun des carrés aura huit chiffres, si nous exécutons la multiplication comme à l'ordinaire, et comme il s'agit d'avoir le nombre x avec quatre chiffres seulement, on voit qu'il n'est pas nécessaire de connaître plus de quatre chiffres à la somme ; nous évaluerons donc chaque carré avec cinq chiffres, ou à moins d'un dixième.

```
 58,35          37,28
 53,85          82,73
------         ------
29175          11184
 4668           2610
  175             75
   29             30
------         ------
3404,7         1389,9

3404,7
1389,9
------
4794,6  | 69,24
 1194   |-----------------------
 336.0  | 129   1382   13844
  5960.0|   9      2       4
   4224
```

Réponse : 69,24 mètres.

Problème XXIII. — *Le rayon d'un cercle étant 1 mètre, on demande de calculer à 1 centimètre carré près l'aire comprise entre deux tangentes qui font un angle de 40° et l'arc de cercle qui se termine aux deux points de contact ?*

Réponse : La figure étant faite, nous voyons, dans le

quadrilatère des deux rayons et des deux tangentes, que l'angle au centre est le supplément de 40° ou 140°, dont la moitié est 70°.

Cela posé, je calcule :

La tangente............ tang. 70°.

La surface du quadrilatère.. tang. 70°.

La surface du secteur..... $70\pi : 180 = 7\pi : 18$

Et j'obtiens ensuite la surface demandée par la formule :

$$\text{Tang. } 70° - 7\pi/18.$$

Chacun de ces nombres doit être calculé jusqu'aux millièmes.

Calculs.

Log. tang. 70°..... 0,438.93

Tang. 70...... 2,747 5

$\pi = 3,141596...$

```
             7                    2,7475
  ─────────────┐                  1,2217
    21,9910    │ 1 8           ──────────
    3,9        │────────  S = 1,5258 mètr. car.
     39        │ 1,2217
     31
     131
```

Problème XXIV. — *La perpendiculaire abaissée du sommet de l'angle droit d'un triangle rectangle la partage en deux segments dont les longueurs sont 3,643 mèt. et 4,928 mèt. On propose de calculer les angles de ce triangle.*

Ici les données sont approchées. La figure nous montre deux triangles rectangles à résoudre ; nous avons par des formules la valeur de la perpendiculaire.

$$\text{Perpendiculaire} = \sqrt{3,643 \times 4,928}.$$

Puis :

$$\text{Tang. B} = \text{perpendiculaire} : 3,643$$

et

$$\text{Tang. C} = \text{perpendiculaire} : 4,928$$

d'où l'on tire en remplaçant la perpendiculaire par sa valeur :

$$\text{Tang. B} = \sqrt{4,928 : 3,643}; \text{ tang. C} = \sqrt{3,643 : 4928}$$

Le calcul numérique est maintenant facile :

Log. 4,928........	0,692.67
Log. 3,643........	0,561.46
	0,131.21
Log. tang. B.......	0,065.61
B.......	49°19′

et le dernier chiffre des minutes est à peine certain.

L'angle C peut se calculer directement ou se déduire de l'angle B.

PROBLÈME XXV. — 30 *kilog. d'eau sont renfermés dans une caisse formée par un métal dont la chaleur spécifique est* 0,13, *celle de l'eau étant l'unité. Cette caisse pèse* 1,584 *kilogr. On demande combien il faut de vapeur d'eau, produite sous la pression de* 0,76, *pour élever la température de cette eau de* 12°,52 *à*

48°,68. *On sait que la chaleur latente de la vapeur d'eau est* 537.

Rép. : Perte de chal. de la vap. en se liquéfiant. 537 x
Perte de chal. pour desc. à 48°,68. . . . . 51,32 x
Perte totale. . . . . 588,32 x
Gain de chaleur de l'eau de la caisse. 36,16 × 30
Gain de la caisse. . . . . . 1,584 × 0,13 × 36,16

De cette analyse, il résulte qu'on déterminera x par l'équation :

$$588,32\,x = 1084,8 + 7,45 = 1092,25$$

d'où l'on tire : $x = 1,86$ kilogr. par la division suivante :

```
1092,25 | 588,32
 504    |------
  33    | 1,86
```

Ainsi il faut environ 2 kilogr. de vapeur pour obtenir le résultat proposé.

PROBLÈME XXVI. — *Les côtés de l'angle droit d'un triangle rectangle ont pour longueur* 3,128 *mètres et* 4,275 *mètr. Calculer les segments que la bissectrice de l'angle droit de ce triangle détermine sur l'hypoténuse.*

Réponse : 1°. Calcul de l'hypoténuse :

```
 3,12 8          4,27 5
 8 21 3          5 72,4
-------         -------
 9 38 4         17 10 0
   31 3            85 5
    6 3            29 9
    2 5             2 1
-------         -------
 9,78 5         18,27 5
```

```
  9,7 85
 18,2 75
 ________
 28,0 60 | 5,297
  3 0.6  |___________________________
         | 10 2      1049    10587
 1 0 20.0   2          9        7
    75 90.0
```

2°. Il s'agit maintenant de partager 5,297 en deux parties qui soient entr'elles dans le rapport des côtés.

$$\text{Segment I.} = \frac{5,297 \times 3,128}{7,403} = 2,24$$

$$\text{Segment II.} = \frac{5,297 \times 4,275}{7,403} = 3,05$$

Les derniers chiffres barrés sont peu éloignés de la vérité.

---

§ VII.

Enoncés de questions diverses à résoudre.

Les solutions des problèmes qui précèdent ont été développées en détail, pour qu'on saisisse bien toute la simplicité et la rapidité de nos procédés ; nous allons donner dans ce dernier paragraphe les énoncés d'une série de questions qui pourront servir d'exercices. Nous nous bornerons à mentionner la solution finale , et parfois à quelques indications propres à guider dans la meilleure marche à suivre pour y arriver.

I. ARITHMÉTIQUE.

1. — Calculer avec 10 chiffres décimaux $\sqrt{2}$, $\sqrt{3}$, $\sqrt{5}$, $\sqrt{7}$, $\sqrt{10}$.

Réponse : $\sqrt{2} = 1,414.213.562.4$
$\sqrt{3} = 1,732.050.807.6$
$\sqrt{5} = 2,236.067.977.5$
$\sqrt{7} = 2,645.751.311.1$
$\sqrt{10} = 3,162.277.660.2$

---

2. — Calculer $1/\pi$ avec dix décimales exactes.

Réponse : $1/\pi = 0,318.309.886.2$

---

3. — Par convention l'or à poids égal vaut 15,5 fois plus que l'argent ; quel est le poids d'une pièce de 20 francs ?

Réponse : Il ne faut pas chercher ce poids au delà des dixièmes de milligrammes ; on trouve : 6,4516 grammes.

---

4. — On fond ensemble deux pièces d'orfèvrerie : l'une, au titre de 0,853, pèse 428,14 grammes ; l'autre, au titre de 0,754, pèse 305,45 grammes : quel est le titre du mélange ?

Les nombres sont approchés.

Réponse : 0,812.

---

5. — Une pièce d'argenterie pèse 644,35 grammes, et elle est au titre de 0,801, combien vaut-elle ?

Il faut se baser sur cette convention qu'un kilogr. d'argent au titre de 0,900 ou 900 grammes d'argent fin, valent 198,50 francs, toute retenue faite pour frais de fabrication.

Réponse : 114 fr.

---

6. — Le kilogramme d'argent, au titre de 0,900, se paie 198,50 fr. au change des monnaies ; combien payera-t-on un lingot d'argent pur pesant 1,596 kilogrammes ?

Réponse : 352 fr.

---

7. — Un lingot d'or pur, au change de la monnaie, vaut 400 000 fr., quel est son poids ?

Réponse : D'après la dernière loi de 1854, 1 kilogr. d'or, au titre de la monnaie, se vend au change 3093,30, il subit, en d'autres termes, une retenue de 6,70 fr.

On trouve 116,38056 kilogr., mais il faut se borner à écrire 116,38 ; et même 116,4, car les balances qui pèseraient un pareil poids ne donnent pas plus de 4 figures.

---

8. — Un négociant en gros a acheté trois espèces de café :

225,4 kil. à 46,25 fr. les 100 kil.
426,6 kil. à 52,48 fr. les 100 kil.
350,8 kil. à 49,30 fr. les 100 kil.

Il les trouve assez voisines de qualité pour être mélangées. On demande à quel prix il devra vendre le kilogr.

du mélange pour faire un bénéfice de 15 pour 100 sur l'ensemble de ces marchés.

Réponse : 57,46 fr. les 100 kil.

---

9. — Une mine de charbon fournit en 15 jours 1294 bennes contenant chacune 11,25 hectol. La dépense journalière est de 457,75 fr. Quel est le prix de revient d'un hectol. de charbon ?

Réponse : 0,472 fr.

---

10. — Un chemin de fer prend pour le transport des charbons 0,097 fr. par tonne et par kilom.; on paye en outre un droit fixe de 2,12 fr. par wagon contenant 32,40 hect. ; à combien reviendront 28275 hectol. achetés au prix de 2,85 l'hectol., et transportés par le chemin de fer à 15,97 myriam. L'hectol. de charbon pèse 82 kil. environ.

Réponse :	Prix d'achat...	80583,75
	Prix de transport.	36000
	Droit.........	1850
	Dépense totale..	118000 fr. environ.

---

11. — Un chemin de fer prend pour le transport des charbons 0,097 par tonne et par kilom.; on paye en outre un droit fixe de 2,12 fr. par wagon contenant 32,40 hectol. On suppose que le chef d'une usine paye annuellement au chemin de fer 2580 fr. pour le transport de ses charbons, le parcours étant de 23,75 kilom.; calculer le nombre d'hectolitres consommés. L'hectolitre de charbon pèse 82 kilogr.

Réponse : 10000 hect. environ.

Pour résoudre ce problème, on cherchera :

1°. Le prix du transport par tonne à la dist. de l'usine.
2°. Le droit fixe par tonne.
3°. Le nombre de tonnes fournies.
4°. Le nombre d'hectolitres.

---

12. — Insérer quatre moyens proportionnels entre 17,524 et 39,815. Chacun de ces moyens devra être calculé à 0,001 près.

Réponse : 1er moyen = 20,649
2e — = 24,334
3e — = 28,673
4e — = 33,788

II. GÉOMÉTRIE.

1. — Les côtés d'un rectangle sont :

$a = 12,43$ mètr. $b = 25,35$ mètr.

Construire un carré équivalent à ce rectangle.

Réponse :

$$x = \text{côté du carré} = \sqrt{12,43 \times 25,35} = 17,74 \text{ mètr.}$$

---

2. — Calculer à 0,001 près le périmètre d'un octogone régulier inscrit dans un cercle dont le rayon est 3,50 mètres. Les données sont supposées exactes.

Réponse : En nommant a le côté d'un polygone, x celui d'un nombre double de côtés, R le rayon du cercle, on a :

$$x^2 = 2R\left(R - \sqrt{R^2 - a^2/4}\right)$$

Admettons que nous partions du carré inscrit, alors

$$a = R\sqrt{2}$$

Donc le côté de l'octogone est donné par la formule :

$$x = R\sqrt{2 - \sqrt{2}} = 3{,}50\sqrt{2 - 1{,}414.213...}$$

On aperçoit que la racine commence par 1, et continue par une série de chiffres décimaux : représentons-les par a, b, c.... nous aurons

$$x = 3{,}50 \times 1{,}abcd.....$$

Nous voyons que le chiffre des dix-millièmes d est nécessaire ; donc il faut cinq chiffres à la racine, par suite il suffira de cinq chiffres sous le radical.

En effectuant le calcul on trouve

$$x = 4{,}407 \text{ mètres.}$$

---

3. — Un champ a la forme d'un trapèze ; ses bases sont $B = 51{,}45$ mètr., $b = 33{,}25$ mètr., et sa hauteur est 18,35 mètr. On demande 1°. quelle est sa surface ; 2°. comment il faut mener une parallèle aux bases pour le partager en deux parties équivalentes.

1°. 7 ares 77 centiares.

2°. Nommons β la longueur de la ligne inconnue qui divise le trapèze T en deux parties équivalentes ; et A, α, a, les surfaces des triangles ayant le même sommet, et respectivement pour bases B, B, b, nous avons :

$$\frac{A}{B^2} = \frac{\alpha}{\beta^2} = \frac{a}{b^2} = \frac{A - a}{B^2 - b^2} = \frac{\alpha - a}{\beta^2 - b^2}$$

d'où l'on tire :

$$2(\beta^2 - b^2) = B^2 - b^2 \quad , \quad 2\beta^2 = B^2 + b^2$$

Effectuant le calcul de la dernière formule, sur les nombres donnés, il vient :

$$\beta = 43,32 \text{ mètr.}$$

On pourra facilement conclure de là la portion de hauteur interceptée.

---

4. — L'apothème d'un pentagone régulier est égal à 3,432 mètres ; trouver sa surface avec la plus grande approximation possible.

On connaît l'angle au centre du polygone ; il est donc facile de déterminer le côté, puis la surface.

Réponse : 42,8 mètres carrés.

---

5. — Construire sur une base donnée = 20,65 mèt. un triangle équivalent à un trapèze ayant pour hauteur 3,75 mètres, et pour bases 12,50 et 18,60 mètres.

Réponse : hauteur du triangle = 5,6 mètres.

---

6. — Un terrain est compris entre deux routes parallèles distantes de 319,5 mètres. L'une a une longueur de 598,7 mètres; l'autre de 623,4 mètres. L'hectare vaut 61 500 fr. On demande le prix de ce terrain.

Réponse : 1201 mille francs.

---

7. — Par le sommet A du triangle équilatéral A B C, dont le côté mesuré est 235,46 mètr. on mène la droite MN située dans le plan du triangle et inclinée de 45° sur le côté AB. On demande de calculer le volume du corps engendré par la révolution du triangle tournant autour de MN.

Nous abaissons des points B et C des perpendiculaires sur l'axe qui valent :

$b = 235{,}46 \text{ Sin. } 45 \qquad c = 235{,}46 \text{ Sin. } 75$

Puis nous observons que le volume est égal à la surface du triangle multipliée par la circonférence décrite par le centre de gravité, donc :

$$V = 2\pi/3 . (b + c) S = \pi/3 . (235{,}46)^3 \sqrt{3} \text{ Sin. } 60 \text{ Cos. } 15.$$

Log. π 0,497.15
3 log. (235,46)..... 7,115.79
1/2 log. 1/3......... 9,761.44 — 10
Log. Sin. 60°........ 9,937.53 — 10
Log. Cos. 15° .... 9,984.94 — 10
Log. V 7,296.85
V .... 19 810 000 mètr. cubes.

---

8. — Trouver l'aire d'un cercle, ayant la circonférence de l'équateur, composé de 360°, à 25 lieues au degré.

La circonférence $= 2\pi R$, donc le cercle πR^2 peut se mettre sous la forme :

$$(\pi R)^2 \times 1/\pi$$

Donc il suffit d'évaluer la demi-circonférence, de l'élever au carré, et de multiplier la résultat par $1/\pi$.

Réponse. 6 445 775 lieues carrées.

---

9. — Dans le trapèze ABCD, on connaît les deux côtés parallèles AB,CD qui sont le premier de 612 mètr., le second de 417 mètr.; on connaît aussi le côté AD de 576 mètr. et l'angle A de 30°26'. Trouver la surface du trapèze ?

Les données sont approximatives :

Réponse : 9 hectares 80 ares.

---

10. — Les rayons de deux cercles O et O' sont respectivement égaux à 3,75 mètr. et à 2,15 mètr.; la distance des centres est 4,95 mètr. On demande de calculer l'aire comprise dans la partie commune aux deux cercles, avec la plus grande approximation possible.

Cette aire est la somme de deux secteurs, diminuée de la somme de deux triangles.

Réponse : 2,2 mètr. carrés.

---

11. — Trouver en mètres la longueur d'un arc de 45°20′ dans un cercle dont le rayon est 5,40 mètres. On suppose l'arc donné exactement et le rayon connu approximativement à moins d'un centimètre.

Réponse : 1°. On évalue la demi-circonférence avec autant d'approximation que l'on peut ; on trouve 16,97.

2°. On cherche 4 chiffres du rapport 45°20′ : 180° ; on trouve 0,2518.

5°. On multiplie le nombre précédent par ce rapport et l'on obtient : 4,27 mètres.

---

12. — Etant donnés dans un triangle ABC deux côtés CA = 8,76 mètr. CB = 5,26 et la perpendiculaire CD = 4,38 mètr. abaissée du sommet de l'angle compris sur le troisième côté ; trouver ce dernier.

Réponse : Il est facile de voir géométriquement qu'il y a deux solutions ; l'une est la somme des deux segments AD et BD, l'autre en est la différence.

On calcule ces deux segments au moyen des triangles rectangles dont on connaît l'hypoténuse et un côté ; et l'on trouve :

1er segment = 7,587.
2e segment = 2,914.

D'où l'on déduit :

1re solution = 10,50 mètr.
2e solution = 4,67 mètr.

---

13. — Etant donnés dans un triangle ABC les côtés CA = 128,49 mètr., AB = 88 mètr. et la perpendiculaire CD = 96,45 mètr. abaissée du sommet C sur AB, trouver à 1 centimètre le troisième côté en regardant les données comme exactes.

Réponse : On reconnaît facilement par des considérations géométriques que le problème n'admet qu'une solution, et l'on trouve :

$$BC = 96,50 \text{ mètr.}$$

---

14. — Deux cordes se coupent dans un cercle ; les segments de l'une valent respectivement 13,56 et 25,44; les deux segments de l'autre sont entr'eux dans le rapport de 4 à 7 ; on demande la valeur de cette dernière corde. On regardera comme approchés les deux segments de la première corde.

Réponse : On trouve en désignant les segments par x et y:

$$x = 24,6$$
$$y = 13,0$$
$$x + y = 37,6$$

---

15. — On demande le nombre de rouleaux de papier qu'il faut employer pour tapisser une pièce rectangulaire qui a 15,76 mètres de longueur ; 8,24 mètres de largeur. La hauteur de l'appartement est 4,87 mètr. ; mais celle du lambris est égale à 0,37 mètres. Enfin, chaque rouleau de papier a une longueur de 10 mètres et la largeur est 0,60 mètr.

Réponse : 36 rouleaux.

---

16. — Le rayon d'un cercle vaut 3,15 mètr., déterminer l'aire d'un segment dont l'arc est égal à la moitié du quadrant.

Réponse : 39 décim. carrés.

---

17. — Etant donnés les trois côtés d'un triangle

$a = 35{,}40$ m. $b = 30{,}56$ m. $c = 28{,}44$ m.

partager ce triangle en deux parties équivalentes par une droite parallèle au côté *a*.

Réponse : On voit facilement que la parallèle inconnue ne dépend que de *a*, et l'on trouve :

$$\text{Parallèle} = 1/2 . a \sqrt{2} = 17{,}70 \sqrt{2}$$
$$= 25 \text{ mètres.}$$

---

18. — Le côté *a* d'un triangle équilatéral a 5,8 mèt. de longueur ; trouver les surfaces *s* et *s'* des cercles inscrits et circonscrits.

Réponse : $s' = 35$ mètr. carrés.
$s = 8{,}8$ mètr. carrés.

---

19. — Le rayon d'un cercle est égal à 1,017 mètr. ; calculer l'aire du segment compris entre un arc et sa corde, sachant que la distance de la corde au centre est le tiers du rayon.

Réponse : 94 décim. carr.

---

20. — On demande de calculer à 1 millimètre près

les côtés de l'angle droit d'un triangle rectangle dont l'hypoténuse est de 12 mètres, sachant que les côtés sont dans le rapport de 2 à 3.

Réponse : Les équations du problème sont :

$$x^2 + y^2 = 144 \qquad x : 2 = y : 3$$

De la dernière nous tirons :

$$\frac{x}{2} = \frac{y}{3} = \frac{\sqrt{x^2 + y^2}}{\sqrt{13}} = \frac{12}{\sqrt{13}}$$

d'où

$$x = 24 : \sqrt{13},\ y = 36 : \sqrt{13};\ \sqrt{13} = 3{,}605\,551\,275$$

En exécutant les divisions abrégées qui donneront x et y, on trouve :

$$x = 6{,}655 \text{ mètr.} \qquad y = 9{,}985 \text{ mètr.}$$

---

21. — Les trois côtés d'un triangle sont :

$$a = 307{,}8 \text{ m.} \quad b = 480{,}2 \text{ m.} \quad c = 689{,}5 \text{ m.}$$

on mène une perpendiculaire du sommet C sur le côté opposé, on demande les deux segments de ce côté.

Réponse : En nommant x et y les deux segments, on a :

$$y + x = c$$

$$y - x = \frac{b^2 - a^2}{c} = \frac{(b - a)(b + a)}{c}$$

On peut traiter la question par logarithmes.

Réponse : $x = 246 \qquad y = 443$

6

III. GÉOMÉTRIE DE L'ESPACE.

1. — On veut construire une digue en granit, longue de 340 mètres, haute de 3,65, et large de 5,85 à la base, et de 4,30 au sommet. Un mètre cube de granit pèse 2500 kil. environ, et le prix du kil. est 2 centim. et demi. Quel sera le prix de la digue ?

Réponse : 400000 fr.

Les chiffres de la densité sont douteux à partir du 5, par conséquent il n'est pas besoin d'avoir plus de deux chiffres exacts au volume ; les autres ne servant pas il est inutile de les chercher.

---

2. — Quel est le côté d'un tétraèdre régulier dont le volume est égal à 1 mètre cube.

Rép. : On trouve pour le volume du tétraèdre régulier :

$$V = a^3 \sqrt{2} : 12$$

en désignant le côté par a, on a donc pour déterminer a l'équation :

$$a^3 = 12 : \sqrt{2} = 6 \sqrt{2}$$

En résolvant l'équation par log. et arrêtant la longueur inconnue aux dixièmes de millimètre, on trouve :

$$a = 2{,}0396 \text{ mètres.}$$

Il sera bon comme exercice d'opérer directement, on fera ainsi la preuve de la première opération.

---

3. — Un tétraèdre régulier en granit a pour côté

2,5 mètres; son poids spécifique est 2,3; quel est son poids.

Réponse : 4,2 tonnes.

---

4. — La grande pyramide d'Égypte a pour base un carré de 23,48 mètres, sa hauteur est 146,18 mètres au-dessus du niveau du sol. Calculer le poids de cette pyramide, en admettant qu'elle soit pleine et que la pierre dont elle est formée ait pour poids spécifique moyen 2,75.

Réponse : 73800 tonnes.

---

5. — Un cube d'or pur vaut 400 000 francs. Quel est son côté? La densité de l'or est 19.

Réponse : Il faut se rappeler que la retenue au change des monnaies pour frais de fabrication, déchets compris, est de 6,70 francs par kilogramme d'or monnayé au titre de 0,900, d'après un décret de 1854.

On dira donc : 1 kilogramme d'or au titre de 0,900, ou 0,900 kilogr. d'or pur valent 155 pièces de 20 fr. moins 6,70 fr.; quel est le poids de 400 000 francs? On trouve 116,38 kil.

Connaissant le poids, il suffit de diviser par 19 pour avoir le volume. On trouve 6,12 décim. cub.

En extrayant la racine cubique nous avons le côté 0,183 mètr.

---

6. — On a un parallélipipède dont les trois dimensions sont 10,50 mètr., 15,75 mètr. et 20,45 mètr.;

il est de glace et plonge dans l'eau de mer. La densité de la glace est 0,930 ; celle de l'eau de mer 1,026. On demande la hauteur du parallélipipède au-dessus de la surface de la mer.

Réponse :

Volume du parall. de glace........ = 3390 mèt. cub.
Poids.......................... = 3150 tonnes.
Volume d'eau de mer de même poids = 3070 mèt. cub.
Volume flottant................ = 320 mèt. cub.

---

7. — Un verre à vin de champagne de forme conique a intérieurement 0,06 mètr. de diamètre au bord ; il a été rempli complétement de mercure, d'eau et d'huile, dans une proportion telle que la couche formée par chacun de ces liquides a 0,05 d'épaisseur. On sait que la densité du mercure est 13,596 ; celle de l'huile employée 0,915. Calculer le poids du mercure, de l'eau et de l'huile, en négligeant l'influence de la température sur la densité de ces liquides.

Réponse :

Diamètres des trois couches = 2, 4, 6 centimètres.
Poids du mercure = 170,8 grammes.
Poids de l'eau = 37,7 gr.
Poids de l'huile = 57,5 gr.

On a supposé dans la solution les diamètres donnés exactement, et les poids spécifiques approchés.

---

8. — Un vase sphérique de rayon intérieur égal à

2/3 de mètre à 0°, est formé de matière dont le coefficient de dilatation linéaire est 1/1200; on demande combien de kil. de mercure ce vase renferme à 0° et à 25°.

Réponse : 16,87 kil. à 0°.
17, 3 kil. à 25°.

On considère comme approché les coefficients de dilatation et les densités.

---

9. — La colonne de Sévère, près d'Alexandrie, est formée d'un fût en granit de 30 mètr. de haut sur 3 de diamètre, qui repose sur un piédestal cubique de marbre de 5 mètres de côté. Quel est son poids? Le poids spécifique du marbre est 2,96; celui du granit 2,72.

Réponse :

Poids de la colonne.... 580 tonnes.
Poids du piédestal..... 370 tonnes.
Poids total .... 950 tonnes environ.

Il serait absurde de chercher le poids à 1 kil. près, puisqu'il y a incertitude dans les dimensions, et dans les poids spécifiques.

---

10. — Un boulet en fer pèse 12 kilogr., son poids spécifique est 7,2 ; quel est son diamètre ?

Réponse : Volume du boulet = 1,7 décim. cub.
Cube du diamètre = 3,2 décim. cub.
Diamètre = 1,5 décim.

On a regardé dans la solution le poids comme une

donnée exacte et la densité comme un nombre approché.

---

11. — L'arête d'un cube a 0,36 mètr. de longueur. Quel est le volume de la sphère circonscrite ?

Réponse :

Volume de la sphère circonscrite $= 1/2\,\pi\,\sqrt{3}\,(0,36)^3$
$= 0,13$ mèt. cub.

On a regardé l'arête comme approchée.

---

12. — On a un creuset en forme de cône tronqué dont le fond a 30 millim. de diamètre, l'ouverture 60 millim. et dont la hauteur est 80 millim. Ce creuset contient une certaine quantité de métal fondu dont la surface a 50 millim. de diamètre. On veut en faire une sphère, et l'on demande le rayon du moule de cette sphère.

Réponse : 25 millim.

On a regardé tous les nombres comme approchés et connus jusqu'au millimètre. La règle à calcul peut exécuter complétement cette opération.

---

13. — Étant données l'arête d'un cône droit, égale à 25,15 mèt., et sa hauteur 17,30 mèt., trouver sa surface latérale et son volume ?

Réponse : Volume = 6030 mètr. cubes.
Surface = 1440 mètr. carrés.

---

14. — Évaluer le volume d'un verre de forme lenticulaire dont le diamètre est 0,030 mètr. et l'épaisseur 0,004 mètres?

Réponse : Ce volume est le double d'un segment de sphère à une base ; donc, il a pour expression en millim. cubes :

$\pi . 15^2 . 2 + 1/3\, \pi . 2^3 = \pi . 452 = 1420$ millim. cubes.

---

15. — En supposant la terre parfaitement sphérique, on demande de déterminer son rayon à moins d'un kilom., l'aire de sa surface à moins d'un myriam. carré, son volume à moins de 1000 myriam. cubes, et son poids en prenant pour unité celui de l'eau contenue dans un myriam. cube.

Réponse :

Rayon = 6366 kil.
Surface = 5 092 958 myr. carrés.
Volume = 1 080 759 292 myr. cubes.
Poids = 4 863 416 815 millions de millions de tonnes.

On a pris 4,5 pour la densité moyenne de la terre, et l'on a évalué la surface et le volume par les formules :

$$S = (2\pi R)^2 : \pi \qquad V = (2\pi R)^3 : 6\pi^2$$

$$1/\pi = 0,318\,309\,886\,1 \qquad 1/\pi^2 = 0,101\,321\,183\,642\,338$$

---

16. — Quel diamètre intérieur faut-il donner à une chaudière dont la forme est un cylindre terminé par deux demi-sphères, sa longueur totale doit être 4 fois le diamètre intérieur ; elle doit contenir 45 hectolitres ?

Réponse : Les données sont supposées exactes, mais on ne cherchera pas le diamètre intérieur au delà du centimètre.

On trouve :

$$D^3 = 54/11 \times 1/\pi = 1,562$$

d'où

$$D = 1,16 \text{ mètr.}$$

---

17. — Quel est le volume de la quantité d'eau contenue dans un bassin demi-sphérique, dont le rayon est $1,20^m$, et où on a versé de l'eau jusqu'à 0,31 mèt. du centre.

Réponse : 2,24 mètr. cubes.

---

18. — La différence des rayons de deux sphères est 1,75 mèt.; la différence de leurs volumes est 47 mètr. cubes; calculer chacun de leurs rayons à 1 millim. près ?

Réponse : Les équations du problème sont :

$$x - y = 1,75 = a.$$
$$x^3 - y^3 = 47 : 4/3\,\pi = b.$$

La seconde peut se mettre sous la forme :

$$(x - y)(x^2 + xy + y^2) = b.$$

Le problème se ramène alors au second degré, et l'on trouve :

$$x = 2,246 \text{ mèt. } y = 0,496 \text{ mèt.}$$

---

19. — Une calotte sphérique considérée sur une sphère dont le rayon est de 27 millim. a pour base un cercle de 15 millim. de rayon. Quelle est la surface de cette zone ?

Réponse : On cherche la hauteur par la formule :

$$H(54 - H) = 15^2 = 225$$

qui donne deux solutions se rapportant aux deux segments du diamètre ; en choisissant la plus petite, on trouve :

$$H = 4,5 \text{ millim.}$$

par suite :

$$\text{Zone} = 2\pi RH = 762 \text{ millim. carr.}$$

---

20. — Un cylindre inscrit dans une sphère de 1 mètre de rayon est tel que sa surface latérale est la moitié de la surface d'un grand cercle de cette sphère. On demande la valeur du volume de ce cylindre ?

Réponse : On prend pour inconnue le rayon du cylindre, et l'on voit facilement que l'équation qui donne cette quantité x est :

$$x^2(1 - x^2) = 1/64$$

d'où l'on tire : $x' = 0,992 \quad x'' = 0,126.$

Puis on voit que le volume du cylindre est donné par :

$$2\pi x^2 \sqrt{1 - x^2} \text{ ou } \frac{2\pi x}{8} = \frac{\pi x}{4} = 0,785\,398\ldots \times x$$

d'où l'on déduit :

$$V' = 0,779 \text{ mèt. cub.} \quad V'' = 0,099 \text{ mèt. cub.}$$

---

21. — Le volume d'un tronc de cône est de 25,237 mètr. cub., la hauteur de ce tronc est 4,235 mètres, la base inférieure de 10,278 mètr. car. On demande de calculer la base supérieure avec la plus grande approximation possible.

Réponse : En nommant x le côté du carré équivalent à cette base, et a le côté du carré équivalent à la base inférieure, h la hauteur du tronc, V son volume, l'équation du problème est :

$$h/3 \cdot (a^2 + x^2 + ax) = V$$

d'où l'on tire :

$$x^2 = \frac{3V}{h} - \frac{a^2}{2} - \sqrt{a^2 \left(\frac{3V}{h} - \frac{3a^2}{4}\right)}$$

Remplaçons dans cette formule chaque quantité par la valeur donnée, et effectuons les calculs par les méthodes abrégées, nous obtiendrons :

$$x^2 = 2,52 \text{ mètr. car.}$$

Cette surface est un cercle, on peut en trouver le rayon, et trouver aussi celui de la base inférieure.

On trouve pour x une solution négative que l'on rejette ; elle correspond au tronc de cône de *seconde espèce*, qui est formé par deux plans parallèles comprenant entre eux le sommet de la nappe conique indéfiniment prolongée des deux côtés.

Nous engageons les élèves à chercher par le calcul le volume de ce tronc de cône, et à vérifier que la solution négative du problème qui nous occupe, est bien en valeur absolue la valeur de x qui donnerait la solution du même problème, relativement à ce cône de seconde espèce.

---

22. — Calculer, avec la plus grande approximation possible, la hauteur d'une zone sphérique, sachant que la surface de cette zone est 25,26 mètr. car., et que le volume de la sphère à laquelle elle appartient est de 402,23 mètr. cub.

Réponse : On a :

$$2\pi Rx = 25,26 \ldots \quad 8\pi^3R^3x^3 = (25,26)^3$$
$$4/3\pi R^3 = 402,23$$

on en déduit :

$$6\pi^2x^3 = \frac{(25,26)^3}{402,23}$$
$$x = 0,878$$

---

23. — Dans le parallélogramme ABCD, on a le côté AB = 25,39 mètr., le côté AC = 14,28 mètr., l'angle A = 30°,15′ ; on demande de calculer le volume du solide engendré par le parallélogramme tournant autour du côté AB.

Réponse : La formule qui sert à résoudre le problème est :

$$V = \pi.AB.\overline{AC}^2.\text{Sin.}^2A$$

Cette formule se calcule facilement par logarithmes, et en ayant soin de barrer les chiffres douteux ; pour juger de l'approximation finale, on trouve enfin :

$$V = 3883 \text{ mètr. cubes.}$$

24. — Calculer le volume du solide décrit par un triangle équilatéral ABC qui tourne autour d'une droite Xy, menée dans son plan par le sommet A, de manière à faire avec AC un angle de 18°. Le côté mesuré du triangle est 7,35 mètr.

Réponse : V = 464 mètr. cubes.

IV. TRIGONOMÉTRIE.

1. — On propose de calculer la somme suivante :

$$\sqrt{2} + \sqrt{3}$$

par la trigonométrie ?

Réponse : D'après un théorème connu :

$$\text{Sin. } 45° = 0,5 \text{ Corde } 90° = 0,5\sqrt{2}$$
$$\text{Sin. } 60° = 0;5 \text{ Corde } 120° = 0,5\sqrt{3}$$

donc :

$$\sqrt{2} + \sqrt{3} = 2\,(\text{Sin } 60 + \text{Sin } 45) = 4 \text{ Sin } 52°.30' \times \text{Cos } 7°30'$$

Le calcul effectué donne : 3,1463.
On peut vérifier ce résultat par un calcul direct.

---

2. — Trouver l'angle x tel que :

$$\text{Tang } x = -0,275.$$

Réponse : $180 - 15°\,22'\,34'' = 164°\,37'\,26''$

---

3. — Lorsque la lune est en quadrature, si on joint les centres du soleil, de la terre et de la lune S,T,L, l'angle L est droit, et on sait que TS = 400 TL, on demande l'angle S.

Réponse : La distance de la terre à la lune est environ 60 rayons terrestres, le chiffre 6 étant le seul certain ; la distance de la terre au soleil est environ 24000 rayons terrestres, on voit donc que le rapport 400 est un nombre approché où 4 est le seul chiffre sûr. Il ne faut donc pas chercher l'angle S avec une grande approximation ; on trouve 8′ et les secondes sont douteuses.

---

4. — Calculer en myriamètres carrés la surface de chacune des cinq zones de la terre supposée sphérique, en adoptant 23°27′30″ pour l'obliquité de l'écliptique ?

Réponse : Désignons par a l'inclinaison de l'écliptique sur l'équateur, nous aurons :

$$\text{Zone glaciale} = (2\pi R)^2 \,\text{Sin}^2 \frac{1}{2} a : \pi$$
$$\text{Zone tempérée} = (2\pi R)^2 \,\text{Sin}\, 45^\circ \,\text{Sin}\, (45 - a) : \pi$$
$$\text{Zone torride} = (2\pi R)^2 \,\text{Sin}\, a : \pi$$

Réduisons en nombres, nous trouverons :

Zone glaciale = 210.470 myr. carrés.
Zone tempérée = 1.322.300 myr. carrés.
Zone torride = 2.027.400 myr. carrés.

On déduit de là :

Surface de la terre = 5.092.940 myr. carrés.

Ce que l'on peut vérifier par la formule :

$$\text{Surface de la terre} = 4\pi R^2 = (2\pi R)^2 : \pi$$

REMARQUE. — Les derniers chiffres sont douteux,

parce que nous avons fait usage de tables à 5 décimales. Ces tables ne comportent pas une approximation plus grande.

---

5. — Du pied d'une tour, on a mesuré sur un terrain horizontal une base de 50,25 ; de l'extrémité de cette ligne, on a visé le sommet de la tour, et le rayon visuel faisait avec l'horizon un angle de 55° 42′. Quelle est la hauteur de la tour ?

Réponse : $h = 73{,}7$ mètr.

---

6. — L'apothème d'un polygone de 18 côtés est 1 mètre ; trouver sa surface, celle du cercle circonscrit, et le rapport qui existe entre les deux.

Réponse : Surface du polygone = 3,17
Surface du cercle... = 3,24
Rapport......... = 0,98

On suppose les données exactes, et on doit, par conséquent, chercher les lignes inconnues qui sont le rayon, et le côté du polygone jusqu'aux millimètres.

---

7. — La surface d'un triangle est S = 74 ares 35 centiares ; les deux côtés b et c sont : $b = 135{,}15$ mèt., $c = 140{,}35$ mèt.; trouver les angles de ce triangle et le troisième côté a.

Réponse : A = 51°.36′
B = 61°.58
C = 66°.26
a = 120 mèt.

8. — Calculer la surface du trapèze ABCD dans lequel on a

A = 90°	AB = 324,35 m.
B = 32° 25′	CD = 208,15 m.

Réponse : Ce trapèze a deux angles droits, il est alors facile de voir que la hauteur est le côté d'un triangle rectangle dans lequel on connaît l'autre côté et un angle aigu. De là on déduit :

S = 19650 mètr. carr.

---

9. — Un quadrilatère ADBC est rectangle en D et en C, on donne :

AC = 1 m. BC = 0,879 m. BD = 0,573 m.

On demande la longueur de la perpendiculaire CP abaissée du point C sur AD.

Réponse : On reconnaît facilement qu'il s'agit de résoudre successivement trois triangles rectangles, on trouve enfin :

CP = 0,919.

On a regardé les données comme approximativement connues, de telle sorte que les logarithmes avaient trois décimales sûres.

Remarque *sur les exercices de trigonométrie qu'on trouve dans les ouvrages classiques.*

Sous le nom d'*exercices pratiques,* les ouvrages de trigonométrie offrent aux élèves des problèmes où les côtés des triangles sont connus avec un grand nombre de figures, et les angles jusqu'aux centièmes de seconde inclusivement. Nous recommanderons aux élèves la résolution de pareils problèmes, toutes les fois qu'ils voudront acquérir l'habitude du maniement des tables de Callet, et celle d'une bonne disposition de longs calculs numériques. Mais il importe de leur dire que de pareils problèmes ne se rapportent à aucune application réelle.

Nous avons montré au commencement de cet ouvrage que les longueurs ne peuvent pas s'évaluer avec plus de cinq figures, que les angles ne se mesurent pas au delà de la minute avec le graphomètre. Les instruments d'astronomie seuls ont la prétention d'arriver aux dixièmes de seconde, et peut-être cette prétention est-elle exagérée.

Il résulte de là que tous les problèmes où les données dépassent ces limites, sont de purs exercices de calcul utiles, il est vrai, mais aussi très-propres à fausser le jugement des élèves en leur laissant croire qu'ils se rapportent à quelque application réelle des sciences mathématiques.

C'est donc avec raison que les instructions ministérielles ont banni de pareils calculs en proscrivant les tables à 7 décimales.

V. MÉCANIQUE.

1. — Aux extrémités d'un levier ayant pour longueur 1,343 mèt. agissent deux forces :

$$P = 5{,}432 \text{ kil.} \quad Q = 9{,}534 \text{ kil.}$$

Trouver leur résultante et son point d'application.

Réponse : R = 14,966 kil.

Segments du levier = 0,856 mèt., 0,487 mèt.

---

2. — Dans un levier du premier genre, la résistance à vaincre est égale à 534 kil. ; le bras de levier de la résistance vaut 0,150 mèt. ; celui de la puissance 1,650 ; quelle est la valeur de la puissance nécessaire pour l'équilibre ?

Réponse : P = 48,5 kil.

---

3. — Une soupape de sûreté a 0,126 mèt. de diamètre, la tige de la soupape bute a 0,052 mèt. de l'axe du levier qui porte les poids, la longueur totale du levier est 0,450 mèt., on demande de quel poids il faut charger ce levier pour que la pression de la chaudière ne dépasse pas 5 atmosphères ? On fait abstraction du poids de la soupape et de celui du levier.

Réponse : 60 kil. environ.

---

4. — Deux forces rectangulaires tirent un point,

l'une P = 3,560 kil., l'autre Q = 7,630 kil., on demande leur résultante en grandeur et en direction.

Réponse : Cette résultante est la diagonale d'un rectangle ; les propriétés connues du triangle rectangle permettent de résoudre la question ; on trouve :

R = 8, 42 kil.
Angle ROP = 64° 58′.

5. — Une force R de 58,5 kil. tire un point O, on veut la décomposer en deux forces rectangulaires, dont l'une est inclinée sur R de 30°, on demande la grandeur de chacune des composantes :

Réponse : P = R Cos 30 = 50,66 kil.
Q = R Cos 60 = 29,25 kil.

---

6. — Trois forces P,Q,R tirent un point O, suivant trois lignes perpendiculaires deux à deux, et l'on sait que :

P = 30,26 kil. ; Q = 50,34 kil. ; R = 46,25 kil.

On demande la résultante en grandeur et en direction.

Réponse : La résultante S est la diagonale du parallélipipède construit sur les trois forces P,Q,R ; donc :

S = 74,76 kil.
Angle SP = 66°. 7′
Angle SQ = 47°. 41
Angle SR = 51. 47

---

7. — Trois chevaux attelés à un bateau-poste ont effectué un travail de 4770 kilogrammètres le long d'un espace de 48 mètres ; quel est l'effort moyen de l'attelage ?

Réponse : On sait que le travail d'une force constante est mesuré, en kilogrammètres, par le produit du chemin évalué en mètres, multiplié par la force évaluée en kilog., donc :

Effort moyen = 4770 : 48 = 99 kil.

---

8. — Le piston d'une machine à vapeur a une course de 0,92 mèt., le travail total développé par la vapeur pendant cette course est 1310 kilogramm.; quel est l'effort moyen du piston ?

Réponse : 1425 kil.

---

9. — Un manœuvre agissant sur une manivelle exerce un effort moyen de 8 kil., on demande quel sera le travail effectué par ce manœuvre en une journée de 8 heures, en admettant qu'il fasse 15 tours par minute, et que le rayon de la manivelle soit de 0,450 m.?

Réponse : Il est facile de voir que le travail effectué se mesure encore en multipliant l'effort par le chemin parcouru, donc nous aurons pour le travail demandé :

$$T = 480 \times 15 \times 2\pi \times 0{,}450 \times 8 = 162800.$$

ou :

$$T = 163000 \text{ kilogrammètres.}$$

---

10. — On laisse tomber au fond d'un puits un tison enflammé, il emploie 2″,5 à arriver de la margelle au fond; trouver la profondeur du puits ?

Réponse : L'espace parcouru dans la première seconde est égal à la moitié de la vitesse acquise au bout de la première seconde ou à 4,90302 m. à 45° de latitude; et l'espace parcouru varie comme le carré du temps, donc :

$$e = 4,90302 \times 6,25 = 30,6 \text{ m.}$$

---

11. — Quel est le temps qu'un corps mettrait pour descendre de la hauteur de la cathédrale de Strasbourg qui a 142 mètres d'élévation au-dessus du pavé de la place?

Réponse : 5″,38.

---

12. — Quelle est la vitesse acquise par le corps au bout de cette chute de 142 mèt., ou, en d'autres termes, quelle serait la vitesse du mouvement uniforme que le corps prendrait au bout de cette chute, si la pesanteur venait tout à coup à être supprimée?

Réponse : On calcule cette vitesse par la formule.

$$V = \sqrt{2gH}.$$

On obtient ici : $V = 52,77$ m. par seconde.

---

13. — Quelle hauteur doit avoir une chute d'eau, pour que la vitesse du filet au centre de la vanne soit de 10 mètres?

Réponse : On se sert toujours de la formule

$$V = \sqrt{2gH}$$

en nommant H la hauteur de l'eau au-dessus du centre de la vanne. De là on tire H :

$$H = 50 \times 0,10198.. = 5,099 \text{ mètr.}$$

ou bien $H = 5,10$ mètr.

Car ces formules n'étant qu'approximatives, il serait absurde de tenir compte des millimètres.

---

14. — Quelle est la dépense en une seconde d'un orifice rectangulaire percé en mince paroi, de 1,20 m. de largeur, 0,15 m. de hauteur, la charge d'eau sur le centre étant 1,30 m.

Réponse :

1°. Vitesse de l'eau $= 5,05$ mètr.
2°. Section de l'orifice $= 0,18$ mètr. carr.
3°. Dépense $= 0,60 \times$ section $\times$ vitesse.
$= 0,550$ m. cub.

---

15. — Quel est le volume d'eau qui s'écoule en une seconde par-dessus une vanne de 3,30 mètr. de largeur, qui forme déversoir en s'abaissant de 0,15 mètres au-dessous du niveau du réservoir.

Réponse : La formule est encore

$$Q = m\,L\,H \sqrt{2\,g\,H}$$

en nommant H la hauteur du réservoir au-dessus du seuil, L la largeur du déversoir, m un coefficient qui est environ 0,40. Cette formule appliquée à l'exemple précédent donne

340 litres.

---

16. — Un projectile est lancé de bas en haut avec une vitesse de 98 mètres par seconde, on demande au bout de combien de temps, et à quelle hauteur il s'arrêtera ? On fait abstraction de la résistance de l'air.

Réponse : Il faut que la vitesse due à la pesanteur anéantisse celle qui lui a été donnée, donc

Temps de la montée $= 10''$
Hauteur......... $= 490$ mètres.

---

17. — Un corps pesant 87,54 kil. repose sans frottement sur un plan horizontal, quelle force constante faut-il lui appliquer pour lui donner un mouvement uniformément accéléré en vertu duquel il parcoure 0,455 m. pendant la première seconde ?

Réponse : En nommant

F .... la force,
M.... la masse P/g,
P .... le poids,
A.... l'accélération, ou la vitesse acquise au bout de la première seconde.

On sait que :

$$F = MA$$

de là on déduit, pour le cas qui nous occupe :

$$F = 8,12 \text{ kil.}$$

---

18. — Un corps posé sans frottement sur un plan horizontal a parcouru dans 3″ un espace de 6,425 mètr. sous l'influence d'une force de 22,4 kil. Quel est son poids ?

Réponse : P = 154 kil.

---

19. — Quel serait l'espace parcouru pendant la première seconde du mouvement d'un corps roulant sans frottement sous l'influence d'une force de 80,5 kil., son poids étant de 215 kil.

Réponse : 1,84 mètres.

---

20. — Calculer la *force vive* d'un wagon pesant 5040 kil., animé d'une vitesse de 10 lieues de 4 kilom. à l'heure.

Réponse : La force vive a pour formule

$$\text{Force vive} = 1/2\ MV^2$$

en nommant M la masse du corps et V la vitesse par seconde. Cette formule appliquée à l'exemple ci-dessus donne :

Force vive = 31670 kilom.

Cette force vive exprime le travail que le corps tient en quelque sorte en provision à la manière d'un réservoir.

---

21. — Une locomotive et son tender pèsent 236,5 tonnes, elle traîne avec une vitesse de 30 kilom. à l'heure un train composé de 20 wagons pesant en moyenne

5450 kil. On veut savoir quel est le travail qu'un pareil train en mouvement tient emmagasiné.

Réponse :

1200 tonnes-mètres environ.

---

22. — Un mouton à battre les pieux pèse 922 000 k., on l'élève d'une hauteur de 1,75 mètres chaque fois; quelle force vive transmet-il à la tête du pieu ?

Réponse : On pourrait calculer la vitesse due à la hauteur de 1,75 mètr.; et en déduire la force vive par la formule déjà employée; mais il est plus simple d'évaluer le travail exécuté par la pesanteur pendant la chute du mouton, puisque c'est ce travail que la masse de ce corps a emmagasiné. On trouve ainsi :

1613 tonnes-mètres.

---

23. — Un boulet de 12 kil. possède, en sortant du canon, une vitesse de 213 mètres par seconde, on demande quel a été le travail utile de l'expansion de la poudre.

Réponse :

277 km. ou environ 270 km. à 280 km.

Les ravages du projectile sont en raison de cette force vive que le boulet accumule dans sa masse; un pareil travail ne peut en effet être détruit que par un travail résistant équivalent; la résistance de l'air en use une partie, mais la masse de l'air n'étant pas grande, il en reste encore une quantité notable à la portée de 800 à 1000 m., on comprend donc quels dégâts le choc de cette masse doit causer. Si elle vient buter contre une masse de pierre qui lui oppose une énorme résistance, le chemin parcouru par la résistance sera très-faible, il est vrai, mais il suffira pour désagréger le corps choqué, et c'est le but que l'on se propose.

---

24. — Quelle est la force nécessaire pour retenir un corps pesant 5450 kilogr. sur un cercle de 150 mètres de rayon, parcouru avec la vitesse de 40 kilomètres à l'heure ?

Réponse : La force centrale est donnée par la formule :

$$F = MV^2 : R.$$

Si nous appliquons cette formule à l'exemple précédent, nous trouvons :

$$F = 456 \text{ kil.}$$

---

25. — Quelle est la force centrale nécessaire pour qu'un kilogramme à l'équateur décrive un cercle dans un jour sidéral ?

Réponse : Nous admettrons que ce cercle ait 40000000 mètres, et nous savons que le jour sidéral n'est pas tout à fait égal au jour solaire, il vaut $23^h\ 56'\ 4''$ ou $86164''$.

De là on déduit par la formule ci-dessus :

$$F = 3{,}5 \text{ grammes environ.}$$

VI. PHYSIQUE.

1. On a pesé successivement dans le même ballon deux gaz ; le volume du premier gaz pesait 1,543 gr. ; le volume du second gaz pesait 1,789 gr. ; la température de la première pesée était 18°,5 ; celle de la seconde était 17°,8. On demande le rapport entre la densité du premier gaz et celle du second ; on prendra 0,00366 pour le coefficient de la dilatation des deux gaz ?

Réponse : 1°. Rapportons les deux pesées à zéro, en faisant abstraction de la dilatation du ballon :

Poids du 1er gaz à zéro = 1,445
Poids du 2e gaz à zéro = 1,680

2°. Prenons le rapport des deux poids, nous aurons pour rapport des densités :

$$0,86$$

et le chiffre 6 est à peine sûr.

Remarque. — On voit par cet exemple que la recherche des densités présente une assez grande incertitude, toutes les fois qu'il faut faire par le calcul des corrections sur les pesées. On doit autant que possible évaluer les poids des corps directement dans les circonstances indiquées par la théorie ; dans ce cas, les densités peuvent être évaluées assez exactement, car chacun des membres pouvant avoir 5 à 6 figures exactes, on peut compter dans le rapport sur 4 à 5 figures au moins.

---

2. — On fait passer 50 litres d'air humide à la température de 20° au travers d'une pierre ponce humectée d'acide sulfurique. L'augmentation de poids du tube à ponce sulfurique a été de 0,825 gr. On demande le degré d'humidité de cet air. On sait qu'à 20° la tension maximum de la vapeur d'eau est égale à 17,4 millim.

Pour résoudre ce problème, il suffit de prendre le rapport qui existe entre 0,825 gr. et le poids maximum de l'eau que 50 litres d'air à 20° sous la pression ordinaire peuvent contenir.

On cherche le poids de 50 litres d'air à la pression de 17,4 millim. et à la température de 20° ; en multipliant ce poids par 0,622 densité de la vapeur d'eau par rapport à l'air, on a le poids de la vapeur que les 50 litres peuvent contenir.

Le calcul ainsi dirigé et abrégé par nos méthodes conduit à la solution suivante :

Degré d'humidité = 0,96.

---

3. — Un litre d'air pèse 1,29 gramm. à 0° et sous la pression de 0,76 mètr. ; on demande ce que devient ce poids à la température de 15° et à la pression de 0,77. La dilatation de l'air a pour coefficient 0,00366.

Réponse : 1,24 grammes.

---

4. — Sous le récipient d'une machine pneumatique contenant de l'air sec à la pression de 0,76 et à 0°, on place un fléau de balance, aux deux extrémités duquel sont suspendus deux cubes : l'un a 3 centim. de côté et pèse 26,3240 gramm., et l'autre qui a 5 centim. de côté pèse 26,2597 gr. Par suite de cette inégalité de

poids, le fléau n'est pas en équilibre. On fait le vide dans l'appareil et l'on demande quelle pression indiquera l'éprouvette de la machine quand l'équilibre sera rétabli. On suppose d'ailleurs que la température de l'air est restée constante et que les deux bras du fléau sont d'égal volume. On sait d'ailleurs que le poids d'un litre d'air sec à 0° et sous la pression de 0,76 est 1,293 gr.

Réponse : Si l'on nomme :

V et V' les volumes des cubes exprimés en litres.
p p' leurs poids apparents dans l'air au début.
ϖ la pression 0,76.
x la pression inconnue.
P le poids d'un litre d'air sec 1,293.

l'équation du problème est :

$$p + \mathrm{VP} - \frac{\mathrm{VP}x}{\varpi} = p' + \mathrm{V'P} - \frac{\mathrm{V'P}x}{\varpi}$$

d'où : $x = 0,37$ mètres.

---

5. — Un ballon qui contient 3560 grammes d'eau à la température de 20° est vidé, séché et rempli sous la pression de 750 milli. et à la température de 20° d'un gaz sec. Le poids du gaz que le ballon contient dans ces circonstances est de 6,25 gr. On demande quelle est la densité de ce gaz?

Réponse : 1,47.

---

6. — Une caisse en métal du poids de 5,425 kil. renferme 25,175 kil. d'eau à 35°,25. On demande com-

bien il faut y dissoudre de glace à 0° pour que la température de cette eau soit abaissée à 12° 42. La chaleur spécifique du métal est 1/12, et la chaleur latente de la glace est 79 calories.

Réponse : 6,300 kg.

---

7. — Un prisme de monosilicate de plomb a pour angle réfringent $A = 21° 12'$, la déviation minima qu'il produit est $D = 24° 46'$ pour un rayon de lumière rouge homogène : quel est l'indice de réfraction de cette substance pour la lumière rouge ?

Réponse : On sait que la déviation minimum est donnée par la formule :

$$\text{Sin} \frac{A + D}{2} = n \text{ Sin} \frac{A}{2}$$

de là on tire :

$$n = 2,123.$$

---

8. — On fait passer 34,36 kil. de vapeur d'eau à 140° dans une masse d'eau de 2545 kil. à 16° contenue dans un récipient en laiton du poids de 122 kil. On demande la température du mélange, sachant que la chaleur spécifique du laiton est 0,094?

On adoptera :

536 pour la chaleur latente de l'eau.
0,847 pour la capacité calorifique de la vapeur d'eau.

Réponse : 24°,7.

---

9. — 8521 gr. de fer à la température de 55°,42 sont mélangés avec 24,34 kil. d'eau à 15°,17, la valeur du vase réduit en eau est 430,2 gr.; la température finale est 16°, 57 ; on demande quelle est la chaleur spécifique du fer ?

Réponse : 0,105.

---

10. — Une barre de métal a 3 m. de longueur à la température de 12°, on demande les longueurs à 8° et à 40°. On admettra pour coefficient de dilatation 1/1300, et on regardera ce nombre comme approché.

Réponse : Longueur à 8°...... 2,991 m.
— à 12°..... 3,064 m.

---

11. — On sait que l'acide carbonique est composé d'un équivalent de carbone uni à deux équivalents d'oxigène. On demande les poids de l'oxigène et du carbone qui entrent dans un mètre cube d'acide carbonique. L'équivalent du carbone est 75,33 par rapport à l'oxigène ; sa densité par rapport à l'air est 1,5245. On demande aussi de déterminer la densité de la vapeur de carbone. On admet qu'un volume d'acide renferme un volume de cette vapeur.

Réponse :

1°. Poids du m. cub. d'acide carbonique = 1972 gr.
2°. Poids de l'oxigène = 1430 gr.
3°. Poids du carbone = 539 gr.
4°. Densité de la vap. de carb. = 0,417 par rapp. à l'air.

---

12. — Gay-Lussac a trouvé pour le poids spécifique de la vapeur d'eau 0,6235 ; M. Regnault a trouvé pour les poids spécifique :

De l'oxigène...	1,1056
De l'hydrogène.	0,0693

On sait d'ailleurs que l'eau est composée en poids d'un équivalent d'oxigène et d'un équivalent d'hydrogène, et qu'un volume de vapeur d'eau contient un volume d'hydrogène et un demi-volume d'oxigène. On demande de vérifier jusqu'à quel point les nombres ci-dessus conviennent à la composition théorique de l'eau.

Réponse :

1°. Poids du litre d'air d'après Regnault...	1,29319 gr.
2°. Poids d'un litre de vapeur d'eau......	0,8063 gr.
3°. Poids de l'hydrogène contenu 1 : 9...	0,0896 gr.
4°. Poids de l'oxigène contenu 8 : 9.....	0,7167 gr.
5°. Poids d'un lit. d'hydr. d'après la densité.	0,0896 gr.
6°. Poids d'un demi-litre d'oxigène......	0,7147 gr.
7°. Poids de la vapeur d'eau calculé.....	0,8043 gr.

On voit par ce tableau que les deux premiers chiffres significatifs sont toujours parfaitement d'accord, et que l'incertitude commence au troisième. On peut en conclure que les densités sont données, comme les chaleurs spécifiques, avec un nombre de figures trop grand, et que le doute commence avant le dernier chiffre écrit dans les ouvrages.

---

13. — M. Regnault s'est servi du procédé ingénieux suivant pour la détermination de certaines densités. Un tube bien calibré et divisé porte à sa partie inférieure un réservoir plus large. On remplit l'appareil de mercure, et on le porte à une certaine température dans une étuve à températures constantes ; le mercure affleure à une certaine division. On chauffe ensuite plus fortement à la lampe, il s'écoule une petite quantité de ce liquide, et en le reportant ensuite dans l'étuve on le voit affleurer à une division inférieure. On conclut de là le poids du mercure qui à une température déterminée remplit l'appareil jusqu'à une division quelconque. Si on opère ensuite sur un autre corps de la même façon, et à l'aide de la même étuve, on peut obtenir le poids du corps qui remplit le même volume à la même température.

De là on tire le rapport des densités à la température de l'étuve, et comme celle du mercure est bien connue, on en déduit celle du corps.

Pour juger de l'approximation du procédé, appliquons-le à un exemple :

Dans une de ses expériences M. Alluard a trouvé que :

5,838 gr. de naphtaline remplissaient jusqu'à 26,6 divisions à la température de 99°,02 ;

80,999 gr. de mercure remplissaient le même volume à la même température ;

Quelle est la densité de la naphtaline liquide à 99°,02?

Réponse : En nommant D cette densité, et D' celle du mercure, nous avons :

$$D : D' = 5838 : 80999$$

mais en nommant k le coefficient de dilatation absolue du

mercure, et nous rappelant que 13,596 est sa densité à 0°, nous avons :

$$D' = 13,596 : (1 + k \times 99,02)$$

Prenons pour k le nombre 1 : 5550, et exécutons les calculs par les méthodes abrégées, nous trouvons :

$$D = 0,969$$

ou environ

$$D = 0,97$$

Tels sont les chiffres certains. Ainsi, malgré le degré de précision de cet appareil, nous n'atteignons pas dans cette recherche le troisième chiffre de la densité. En suivant pas à pas les diverses opérations, on voit que cette faible approximation tient à ce que le poids de la naphtaline n'a pas été évalué à plus de quatre figures, ce qui rend le dividende incertain dès le quatrième chiffre. et force à garder au diviseur trois figures au plus.

REMARQUE GÉNÉRALE *sur les données de la physique.*

De tous les problèmes que nous avons résolus, en prenant, pour plusieurs d'entr'eux, nos données dans les mémoires mêmes des auteurs, nous pouvons conclure que la plupart des nombres que l'on trouve dans les tables des *poids spécifiques,* des *capacités calorifiques,* des *équivalents*, des *coefficients de dilatations*, etc., sont écrits avec une approximation exagérée, et renferment des décimales illusoires. Il est donc parfaitement inutile dans les applications de s'embarrasser d'un grand nombre de chiffres qui compliquent inutilement le calcul, et l'on doit toujours exécuter les opérations abréviativement en regardant la dernière figure, *au moins*, de ces données, comme douteuse. On voit par là de quelle utilité sont nos méthodes abrégées et même la règle de Gunter, puisqu'elles fournissent le plus rapidement possible les résultats demandés avec toute l'approximation que comportent les données. Faire usage des opérations ordinaires, des tables de logarithmes à plus de cinq décimales, c'est perdre un temps précieux, et s'exposer sans profit aux érreurs faciles des longs calculs; je dirai même plus, c'est vouloir prendre volontairement une idée fausse de la nature du résultat final.

TABLE DES MATIÈRES.

§ VII.

Clermont, impr. Ferdinand Thibaud.

www.ingramcontent.com/pod-product-compliance
Ingram Content Group UK Ltd.
Pitfield, Milton Keynes, MK11 3LW, UK
UKHW012233240726
13966UKWH00003B/1070

9 782011 900579